Efeito bolha

Capa – Daniel Mauricio de Carvalho
projeto gráfico e diagramação - Arthur E. Tavola

Impresso no Brasil

Edição Impressa
ISBN 978-65-01-18731-0

Catalogação:
CBL - Câmara Brasileira do Livro – São Paulo / SP

Dados Internacionais de Catalogação na Publicação (CIP)
(Câmara Brasileira do Livro, SP, Brasil)

Tavola, Arthur E.
Efeito bolha : bolhas psiquicas geradas pela sociedade / Arthur E. Tavola, Giovanna Di Paola. -- São Paulo : Ed. dos Autores, 2024.

ISBN 978-65-01-18731-0

1. Comportamento social 2. Desenvolvimento pessoal 3. Psicologia comportamental 4. Psicologia social I. Paola, Giovanna Di. II. Título.

24-232696 CDD-150

Índices para catálogo sistemático:

1. Psicologia do comportamento 150

Eliete Marques da Silva - Bibliotecária - CRB-8/9380

Efeito bolha

Como o mundo gerou bolhas psíquicas na humanidade

Arthur E. Tavola
Giovanna Di Paola

ÍNDICE

Seja muito bem-vindo, ao fascinante universo do livro “Efeito Bolha”. É com grande entusiasmo que lhe recebo nesta jornada de descobertas e reflexões que prometem desafiar não somente as ideias, mas também suas percepções sobre o mundo que nos cerca.

Você, assim como muitos de nós, provavelmente já se sentiu aprisionado dentro de uma bolha psíquica. Esse espaço invisível que, por um lado, proporciona conforto ao nos manter rodeados de opiniões e perspectivas semelhantes, mas, por outro, limita nosso crescimento e nos impede de ver a realidade de maneira mais ampla e rica. "Efeito Bolha" nasce da inquietude diante desse fenômeno, propondo um olhar crítico e introspectivo.

Ao longo deste livro, você encontrará ferramentas e métodos práticos que o convidarão a desafiar suas próprias crenças e a expandir seus horizontes. Cada capítulo foi cuidadosamente elaborado para guiá-lo por reflexões profundas sobre a importância do diálogo e da diversidade de opiniões. Este é um convite para que você se permita engajar-se com ideias que, à primeira vista, podem parecer desconfortáveis, mas que, com certeza, trarão uma nova luz à sua jornada.

Iniciaremos explorando as raízes desse fenômeno intrigante das bolhas psíquicas, desvendando como se formam e como as diferentes esferas de influência na sociedade podem moldar nossas opiniões e visões de mundo. Através de exemplos cotidianos e histórias impactantes, revelaremos a importância de reconhecer e desafiar essas estruturas, que muitas vezes nos aprisionam em ciclos de repetição e conformidade.

À medida que avançamos, discutiremos a vitalidade do engajamento inclusivo, onde o respeito à diversidade de opiniões não é apenas uma escolha, mas um caminho necessário para a construção de um futuro coeso e harmonioso. Aqui, você será inspirado a buscar maneiras eficazes para interagir com pessoas cujas perspectivas diferem das suas, fomentando uma cultura de diálogo e empatia.

Além disso, "Efeito Bolha" não é apenas um livro para se ler. É uma obra para se vivenciar. Ao final de cada capítulo, você encontrará provocações e exercícios que o incentivarão a levar os conceitos discutidos à prática. Esse formato interativo visa assegurar que a leitura se torne uma vivência transformadora em sua vida cotidiana, permitindo que você realmente desafie suas próprias bolhas e promova essa mudança em sua comunidade.

Lembre-se, a transformação começa de dentro. A cada página desse livro, você terá a oportunidade de refletir profundamente sobre sua visão de mundo e o papel que você desempenha dentro dele. E, ao final desta jornada, espero que você não apenas compreenda melhor as bolhas psíquicas que nos envolvem, mas também se sinta capacitado a transcender as suas, construindo laços mais fortes e uma comunidade mais unida, respeitosa e empática.

Por último, quero que saiba que este livro é produto de um desejo genuíno de construir pontes — não muros. E claramente, que você, sinta-se parte desta mudança e que, ao final, possamos juntos trabalhar em prol de um mundo mais inclusivo.

Prepare-se para essa jornada. Estou animado para que você comece a desbravar as páginas seguintes e as múltiplas reflexões que elas trarão para sua vida.

Capítulo 1: Efeito Bolha

Imagine um mundo onde as vozes se alinham em uma mesma frequência, onde a complexidade da vida se dissolve na serenidade enganosa da simplicidade. Esse é o reino das bolhas psíquicas. As bolhas psíquicas são essas estruturas invisíveis que moldam nossas percepções, criando um espaço seguro, porém limitado, onde as opiniões se alinham com o que já se acredita, fazendo com que a diversidade de pensamento se extinga no calor da conformidade. Em tempos onde a informação é abundante, paradoxalmente, nos encontramos aprisionados em redomas de ideias que nos isolam da realidade multifacetada.

Essas bolhas se formam através de influências sutis - da própria cultura aos padrões impostos pelas redes sociais. Cada curtida, cada compartilhamento, atua como uma reforço de fraudes emocionais, de verdades convenientes, criando ecos que reverberam apenas o que já é esperado. Você já parou para pensar como as redes sociais se tornaram esse campo de batalha onde o diálogo se tornou fragmentado? Cada grupo, cada comunidade, luta para preservar seu espaço, suas crenças, pintando seus mundos em cores sólidas, como se fossem as únicas disponíveis na paleta da vida.

Vamos nos colocar no lugar de alguns desses personagens que habitam nossas cidades. Por exemplo, Laura, uma jovem que diariamente consome ininterruptamente conteúdos que reforçam sua visão de mundo. Para ela, a realidade é uma narrativa onde pessoas que pensam diferente são julgadas, rotuladas e excluídas antes mesmo de serem ouvidas. "Como pode alguém acreditar nisso?", desabafa ela com os amigos, sem perceber que a verdadeira ignorância reside em sua incapacidade de ouvir. Cada conversa, uma reafirmação de suas crenças; cada sentimento, a carga pesada de um dogma aceito sem reflexão. É doloroso, é devastador.

Na casa ao lado, vive Marcos, um distinto funcionário público que dá o melhor de si para cumprir as normas estabelecidas. Apesar de sua boa intenção, ele se vê cercado por informações que corroboram apenas suas convicções. A cada discurso motivacional que assiste, a cada artigo que lê, suas bolhas se tornam mais inflacionadas. Ele se vê incapaz de questionar o que não conhece, sem um pingo de consciência de que há um mundo inteiro além das fronteiras que construiu.

Os diálogos tornaram-se mecânicos, dominados por esta mórbida necessidade de estar certo. Conversas profundas foram substituídas por discussões superficiais sobre trivialidades que, no fundo, não nutrem o espírito. Nesses momentos, é preciso refletir: quem fomos quando começamos a afastar o que é diferente? Onde deixamos as ruas vibrantes do diálogo e da compreensão? O mundo é vasto, e dentro dele habita uma galeria inteira de experiências esperando para serem reveladas.

Esses indivíduos representam a essência de nossas bolhas psíquicas. Mas, ao observarmos mais de perto, começamos a entender como essa dinâmica influencia não apenas as nossas interações pessoais, mas também a sociedade como um todo. As vozes se dividem, os laços se quebram e o respeito mútuo desmorona sob o peso da intolerância.

E assim, deixo você com um convite à reflexão: é possível que a mudança comece dentro de nós? E se decidíssemos desafiar nossas próprias bolhas ao nos abrirmos ao novo, ao inexplorado, ao impensável? O primeiro passo é sempre o mais difícil, mas também o mais necessário. "Para mudar o mundo, comece mudando a si mesmo".

As bolhas psíquicas, embora etéreas, têm um impacto palpável nas relações que construímos ao longo da vida. A ausência do diálogo desapega as emoções, e ocorre na vida das pessoas ao nosso redor, é um tipo de dança estranha, onde passos se tornam cada vez mais distantes e desconexos, levando a interações superficiais. Afinal, o que se tornou das conversas que se prolongavam no tempo, onde havia troca genuína, não apenas um jogo de palavras ensaiadas?

Marcos e Laura são um microcosmo de um fenômeno que se alastra velozmente, criando chagas silenciosas nas interações sociais. Quando se encontram em festas, por exemplo, as conversas costumam girar em torno de anedotas, novidades sobre o trabalho ou os últimos filmes vistos. Raramente, um tópico mais espinhoso emerge. Caso surja algo que se aproxime da política ou de opiniões sobre o estado do mundo, rapidamente um silêncio constrangedor toma conta, como se a atmosfera tivesse mudado de temperatura abruptamente. O medo de discordar ou, pior, de ser mal compreendido, impera.

“Você viu o último projeto da cidade? Uma vergonha!”, comenta Marcos em um tom mais alto, tentando cativar a atenção dos amigos, que assentem, satisfeitos em concordar com a crítica. “Exatamente! É tudo uma trapaceada”, responde Laura, cheia de empolgação e reafirmando o que a maioria diz. O que deveria ser uma troca saudável se transforma em um eco vazio, onde novos focos de discussão são evitados e a renovação das ideias estagnada. Se uma voz dissidente decisivamente ecoar, será rapidamente sufocada por uma maré de aversão.

Nesse círculo vicioso, a capacidade de ouvir foi sepultada sob as areias do conformismo. Olhando mais de perto, as motivações por trás desse comportamento tornam-se claras. O desconforto em confrontar o diferente, mendigando reputação e respeito dentro de suas bolhas, leva esses indivíduos à escolha de permanecer na superficialidade. E assim, as identidades se solidificam, os rótulos se tornam durezas impressionantes e, na esteira desse processo, as relações se tornam um jogo de salão, em vez de um banquete de ideias.

Em um momento de introspecção, Laura pergunta a si mesma: "O que significa ser verdadeiro se eu só posso ser assim em meio a estes que pensam igual?" Com isso, ela se depara com a crua realidade de que, enquanto cada palavra que pronuncia pode soar doce aos seus ouvidos, não há açúcar suficiente no mundo para adoçar a amargura da autoenganação. Um desejo sutil de mudança borbulha, uma centelha que poderia acender a fogueira da curiosidade e da exploração.

Para além das divergências, há um eco inexplicável que une as experiências humanas. Sempre que nos permitimos sair do círculo seguro das nossas certezas, descobrimos que o desconhecido pode proporcionar mais sorvetes espirituais do que as clássicas opções esperadas. O mundo está repleto de nuances e matizes, e as conversas que surgem a partir disso não são apenas formais. Elas instigam a complexidade da emoção, da cultura, da história, oferecendo novas formas de ver e sentir.

E se, nas próximas interações, ao invés de nos protegermos em nossa bolha, decidíssemos tacambiar o facilitador do diálogo, nos abrindo para o aprendizado? Se respirássemos fundo e ousássemos perguntar a alguém que pense de forma diferente o que o leva a pensar assim? Essas pequenas ações poderiam ser a chave para desmantelar as bolhas psíquicas que aprisionam nossos pensamentos e nossos corações.

Nessa trajetória, não há vencedores ou perdedores. Trata-se de crescimento, de evolução. E, ao abrirmos nossos corações e mentes, podemos reencontrar o valor do respeito e da empatia, cruzando pontes que antes pareciam impossíveis. No calor das nossas interações, precisamos lembrar que, no fundo, somos feitos da mesma matéria e que a diversidade de pensamentos é não apenas rica, mas essencial para a saúde da nossa coletividade.

O desafio é grande, mas a recompensa de se despir das amarras das bolhas psíquicas é ainda mais. Está em nossas mãos a escolha de como desejamos interagir com o mundo e, por consequência, moldá-lo. Afinal, no ritmo belo e desorganizado da vida, cada nota dissonante tem seu lugar, enriquecendo a melodia que somos chamados a cantar juntos.

Nos encontramos em um ponto crucial da narrativa, onde a vida e as interações de todos nós são convocadas a refletir sobre algo profundo e transformador. O entendimento de como escapar das bolhas psíquicas não é apenas uma filosofia de vida, mas um clamor urgente por um novo modo de ver o mundo. Ao envolver-se genuinamente com as divergências, começamos a tocar em algo que é verdadeiramente indispensável: a empatia.

Quando encontramos alguém que acredita firmemente em algo que consideramos errado ou questionável, como reagimos? Ao invés de levantar muros, podemos construir pontes. Podemos dizer a essa pessoa, com honestidade: "Me conte mais sobre como você chegou a essa conclusão", ou "Qual o seu raciocínio por trás disso?". É um convite ao diálogo que desafia a superficialidade das interações modernas, um chamado à profundidade esquecida das conversas humanas.

Através dos diálogos que estabelecemos, transformamos o desconhecido em familiar. E, mesmo que as emoções altas possam surgir, elas revelam mais sobre nós mesmos e os outros do que poderíamos imaginar. Laura, que costuma evitar discussões acaloradas sobre política, encontrará um novo poder em ouvir, em vez de julgar à primeira vista. E Marcos descobrirá nas vozes que desafiam sua visão um eco familiar, a chance de reavaliar conclusões que foram construídas sobre assentamentos frágeis.

A mágica acontece quando decidimos sair da nossa zona de conforto e verdadeiramente ouvir, porque, no final das contas, como escapamos do labirinto das bolhas psíquicas? Com uma simples atitude de escuta, podemos abrir novos portais de entendimento que antes pareciam inalcançáveis. Incapazes de concordar em tudo, somos ainda capazes de respeitar as vivências do outro. Podemos entender que, mesmo entre nossas divergências, existem laços humanos. Todos temos uma história, um contexto — e isso nos conecta.

O efeito é poderoso. Com o tempo, e com a prática de ouvir as vozes que diferem das nossas, as bolhas começam a murchar. As paredes impenetráveis se tornam delicadas, e um solo fértil para o crescimento de ideias atravessadas surge. Ao contribuir para a construção desse espaço, não apenas devemos estar dispostos a aprender, mas também abrir nossas histórias para o outro, tornando a troca uma dança vibrante de experiências.

Imaginemos um cenário onde Marcos e Laura, após um intenso debate, descobrem que seus receios e expectativas estão entrelaçados. Eles não vão apenas trocar ideias, mas liberar um leque de discussões que começa a cocriar uma nova percepção do mundo que os rodeia. As diferenças que antes pareciam como barreiras intransponíveis passam a ser vistas como riquezas que, quando unidas, pintam uma tela única e vibrante de realidade.

Então, temos aqui uma lição: o ato de quebrar as bolhas uma de cada vez pode ser feito por qualquer um de nós. A transformação começa internamente; é uma escolha que cada um deve fazer. Sim, haverá resistência, pois mudar o modo de interagir com o mundo e, por consequência, como nos vemos, não é fácil. Mas cada pequeno esforço vale a pena. Cada palavra de acolhimento, cada gesto de abertura pode potencializar essa mudança profunda e duradoura.

E, assim, deixamos o leitor com uma reflexão poderosa: Se tudo começa dentro de nós, o que podemos fazer neste momento para convidar o diferente a entrar e se tornar parte do nosso universo? Este é apenas o começo de um caminho repleto de promessas — e, acima de tudo, de novas relações que emergem do solo comum da humanidade.

Ao sairmos de nossas bolhas, tornamo-nos exploradores em um mundo fascinante, cheio de nuances e emoções. Juntos, somos mais fortes e, juntos, podemos reescrever a nossa realidade. Este convite aos leitores não é apenas para um momento de autodescoberta, mas para nos tornarmos agentes de mudança, dotando cada conversa do poder de transformar nosso presente e futuro em algo que realmente importa. Que a jornada comece agora.

Ao final deste capítulo, temos uma reflexão profunda sobre a natureza das bolhas psíquicas e o convite a uma transformação pessoal e coletiva. A jornada de desmantelar nossas crenças limitantes pode não ser fácil, mas é, sem dúvida, uma aventura enriquecedora que promete expandir nossa visão de mundo. As interações humanas, com seus complexos desdobramentos emocionais, demandam comprometimento com autenticidade e vulnerabilidade.

A verdadeira questão se coloca: estamos prontos para abrir as portas da nossa percepção? A resistência à mudança e ao diferente é um reflexo do medo do desconhecido, mas precisamos lembrar que é na incerteza que se esconde a oportunidade de crescimento. É em cada conversa que não fizemos, em cada voz que ignoramos, que construímos as paredes de nossas bolhas. Ao convidar o diferente a entrar, ao dar espaço ao que desafia nossas convicções, estamos na verdade promovendo nosso próprio desenvolvimento.

Depois de toda essa análise, uma verdade se torna clara. A mudança começa dentro de cada um de nós. Se decidirmos ser a ponta de lança dessa transformação em nossas comunidades, nos tornamos não apenas agentes de mudança, mas também catalisadores que inspiram outros a fazer o mesmo. A coragem de ouvir, de se expor a novas perspectivas, pavimenta o caminho para um futuro mais harmonioso e plural.

Em um mundo que cada vez mais preza pela uniformidade de pensamento, convido você a dar um passo adiante em sua jornada. Convidar alguém que pense diferente para um café, participar de discussões que desafiem suas convicções e, principalmente, ter a disposição de ouvir com o coração aberto. Pequenas ações têm o poder de construir grandes transformações. Que cada interação nossa seja um ato de amor ao próximo, um passo firme em direção a um futuro mais iluminado e inclusivo, onde a diversidade enriquece a trama da vida.

Termino este capítulo com um chamado provocativo: o que você fará com o conhecimento adquirido aqui? Ele pode ser o primeiro passo para desviar-se da superficialidade e abraçar a profundidade da experiência humana. Afinal, enquanto nos mantivermos dentro de nossas bolhas, seremos prisioneiros das limitações que criamos. O desafio é seu, a transformação depende da sua vontade. O futuro espera por aqueles que ousam quebrar as barreiras e se abrir para o novo.

A decisão está em suas mãos. O momento é agora. Que a sua jornada comece com um simples gesto: a ousadia de ser diferente. E você, leitor, é parte desse movimento.

Que venham as novas vozes, as novas ideias e, sobretudo, que venham os novos caminhos. A vida, afinal, é um maravilhoso e complexo emaranhado de histórias esperando para serem contadas e ouvidas. Então, qual será a sua história?

Capítulo 2: Ecos do Silêncio

A Origem das Bolhas Psíquicas

Era uma manhã cinzenta e fria quando Laura se sentou na mesa da cozinha, repleta de tachos e colheres, própria para um café da manhã apressado. O aroma do pão fresco misturava-se ao café forte, mas seus pensamentos estavam longe daquelas pequenas alegrias. Ela observava seus pais, sentados à mesa, em meio a discussões acaloradas sobre a política local, sempre repetindo os mesmos argumentos, as mesmas verbalizações de indignação. O tom era elevado, os olhos, faiscantes. A jovem intuitivamente percebeu que aquelas cenas moldavam sua visão de mundo, mesmo sem a percepção direta do impacto que tinham sobre sua vida.

"Laura, o que você acha sobre isso?", perguntava sua mãe, sem realmente esperar uma resposta. Na mente de Laura, um turbilhão de conflitos: Ela queria agradar, mas sua opinião tremia sob a expectativa do que seria aceitável. "Eu... acho que...", tentou articular, mas logo se calou, afixando os olhos na tigela de cereais. A insegurança e o medo de ser avaliada emergiam como sombras, absorvendo a luz da vivacidade juvenil.

Na casa ao lado, Marcos despertava pouco antes do sol tocar a linha do horizonte. Altas horas para as interações matinais, ele pegou seu celular sem hesitar. As notificações pipocavam como fogos de artifício, cada uma reforçando uma opinião que ele já aceitava como verdade. Clique. Like. Compartilhar. Comunicação servida fria, mas repleta de certezas e de convicção incandescente. “Se o grupo pensa assim, deve estar certo”, pensou, sentindo-se confortado, embora, no fundo, uma pontada de dúvida começasse a surgir.

Analisando suas infâncias, percebemos que tanto Laura quanto Marcos cresceram em ambientes onde a discordância era evitada a qualquer custo, e a segurança da concordância prevalecia. Ao refletirem sobre a relação com seus amigos, notarão como se afastaram de qualquer ideia que ousasse desafiar a norma estabelecida, criando uma câmara de eco à sua volta. Isso, claro, se manifestava nas conversas superficiais, nas interações cheias de julgamentos preconcebidos, no medo de expor qualquer fraqueza.

"Marcos, você já assistiu àquele documentário sobre as desigualdades sociais?", Laura perguntou em uma tentativa de abrir um espaço para uma discussão mais profunda numa festa a que ambos estavam. Ele olhou para ela, os olhos vagos. "Ah, sei lá... política não é comigo. Todos nós já sabemos que nada vai mudar." A resposta, carregada de indiferença, fazia eco na insegurança de Laura, levando-a a recuar para a superfície da conversa curta e rasa, quase como uma dança ensaiada.

As bolhas psíquicas, formadas em cada um deles através das conversas, ideias passadas e impressões familiares, tornavam-se barreiras invisíveis, porém sinceras, que os separavam da riqueza das experiências e dos diálogos genuínos. Ao reconfigurarem suas rotinas, deixavam de lado o convite para um mundo onde a diversidade de pensamentos não apenas era permitida, mas celebrada, e onde as interações significativas eram a verdadeira prova de empatia.

Nos dias turbulentos da adolescência, esse padrão se intensificou. Num colégio onde as amizades se solidificavam em torno de gostos musicais e esportivos, a pressão para se encaixar trouxe desafios. Laura sentiu-se tensa cada vez que alguém expressava uma ideia diferente, quase como um crime que podia levar ao ostracismo social. "Ah, você é uma sonhadora, não é?", escutara uma vez. O riso foi penetrante, e a dor, pungente. Desde então, guardou suas opiniões em uma caixa trancada, longe de qualquer crítica.

Marcos, por sua vez, sucumbiu ao conforto da moda e das popularidades. Ao redor dele, as marcas e símbolos sociais fixavam-se na identidade do grupo, reforçando a necessidade de permanecer na segurança da conformidade. Quando uma professora levantava questões sobre ética ou moralidade, ele percebia a inquietação nas fileiras da classe – a tensão no ar destacava a fragilidade de suas bolhas.

E o que dizer das redes sociais, então? As plataformas que prometiam uma conexão global tornaram-se um labirinto de vozes que ecoavam as mesmas verdades, enquanto a exposição a novas ideias se tornava escassa em um mar de curtidas e aprovações. As interações virtuais, de certa forma, reforçaram essas bolhas, levando a um afrouxamento do diálogo, enquanto cada um se isolava em seus próprios espaços seguros, blindados contra o que era desconhecido.

Porém, em meio a esse caos, um lampejo pequeno de esperança persistia. Era possível que a chave da transformação estivesse nas mãos de Laura e Marcos, se decidissem escutá-lo. Um convite silencioso para mirar além, para desafiar suas percepções e abrir as portas que o medo e a insegurança haviam fechado. Desafiar suas bolhas poderia ser a porta de entrada para um mundo vibrante, cheio de vozes autênticas e realidades enriquecedoras.

À medida que o dia amanhecia, o coração de Laura pulsava com uma inquietude nova. Era tempo de reavaliar a linguagem que usava, os espaços que frequentava e as vozes que permitia entrar em sua vida. Quem sabe, após um simples passo em direção a mares desconhecidos, a beleza do diálogo profundo a aguardava, pulsando semelhante a um fogo que tanto desejava se acender.

Assim começava a jornada de dois jovens, não apenas para que suas vozes fossem ouvidas, mas para que o eco do silêncio que envolvia suas bolhas pudesse se transformar em um coro de descobertas e reconexões. Era momento de abrir os braços, soltar as amarras da superficialidade e nadar nas águas profundas da autenticidade e da diversidade, onde cada história merecia ser contada, e cada experiência, explorada.

Imagine uma tarde ensolarada e aparentemente sem preocupações. Laura, com seu olhar atento, notava a dinâmica entre os colegas de trabalho no escritório: rostos, sorrisos e risos, todos parecendo parte de uma performance cuidadosamente encenada. Era um ambiente repleto de boas intenções, mas também de risadas nervosas que se ocultavam atrás de práticas diáfanas. Longe de toda a seriedade que a vida poderia exigir, ali, o que reinava era um frio distanciamento que se alastrava, refletindo nas conversas sobre trivialidades. O silêncio, quando se abria, tornava-se desconfortável; um entrevero difícil de lidar.

"Laura! Você pode verificar esses números?", gritou seu supervisor de dentro da sala. Mais um dia se passava e, com suas mãos tensas, a jovem procrastinava a tarefa em sua mente, sentindo a pressão de não falhar. Mas o duelismo de pensamentos a atormentava. Enquanto infundia a arte da pesquisa e da lógica em seu trabalho, ela também lidava com a invisibilidade do que não se via — a falta de espaço para o rigor da diversidade de ideias.

Ao mesmo tempo, Marcos, em sua rotina semelhante à de Laura, se deixava levar pelo barco da conformidade. Para ele, o trabalho era um ciclo de tarefas repetidas, uma espécie de rotina sem fim que não permitia distrações, muito menos um momento para a reflexão íntima. Cada e-mail enviado carregava um peso indevido de um mundo a ser explorado, mas que frequentemente ficava afogado em meio a conferências e reuniões onde a autenticidade se tornava desfocada. O que restava eram os ecos do silêncio, em meio a conversas estéreis.

Era então que, em uma pausa para o café, um novo funcionário parecia ser a brecha em suas rotinas entediantes. Antônia, uma profissional com um olhar vibrante e uma linguagem colorida que pulsava energia, surgia como a ponte entre o que era habitual e o inexplorado. Enquanto Laura e Marcos permaneciam na retórica da contenção, Antônia começou a provocar diálogos que não giravam apenas em torno dos números ou das metas a serem atingidas, mas sobre a vida, a arte, as histórias que cada um carregava no coração.

"Já pararam pra pensar como a cultura da empresa nos molda? As conversas que não temos, os questionamentos que deixamos de lado por medo de não ser aceitos?", perguntou ela, quebrando um silêncio que se tornara habitual. Marcos, surpreendentemente, piscou, e os olhos de Laura se iluminaram com um brilho raro. Era um convite: uma clara oportunidade de se aventurar por novas trilhas, que antes pareciam atapetadas de medos e certezas.

"A verdade mesmo... é que sentar aqui apenas falando do que todos já presumem, quase como uma coreografia constrangida, é confortável", confessou Laura, sentindo pela primeira vez que conseguia verbalizar seu desconforto.

Marcos, agora encorajado, completou: "É como se estivéssemos nos deixando levar por um rio estagnado, olhando para as mesmas direções, em vez de navegarmos juntos por novos mares."

Antônia sorriu, percebendo que havia despertado um eco potente. "Vamos mudar isso. Uma pequena mudança pode ser o início de uma revolução. Por que não começamos a explorar outros tópicos nas nossas conversas? Ou então, desafiarmos um ao outro a trazer ideias diferentes para o nosso próximo encontro? Vamos quebrar essas bolhas que criamos!".

O calor daquela tarde parecia penetrar na essência daquele momento, e com ele, surgia a semente da transformação. Então, o que antes era uma maré de silêncio, agora se tornava um espaço fértil para o diálogo e o confronto respeitoso das ideias. Marcos e Laura sentiam em seus corações que o vazio poderia ser preenchido por vozes diversas – não apenas de opiniões similares, mas de experiências únicas que enriqueceriam a dinâmica da equipe.

"Mudar o ritmo e a melodia das conversas tornaria nossa relação mais rica, e nossa produtividade, mais vibrante", imaginou Laura, com um sorriso que crescia a cada palavra.

E assim, entre sorrisos e palavras fluindo como um rio restaurado, os ecos do silêncio começaram a se dissolver, abrindo caminho para um coro de vozes que agora vibravam em harmonia. Era o ponto de partida para a abertura de horizontes e a reconfiguração das realidades dentro e fora de suas bolhas. O desafio que tomaram nas mãos poderia não ser apenas um raio de esperança, mas sim uma revolução silenciosa prontamente prestes a desabrochar.

Essa jornada de descobertas e reconexões apenas se propunha a experimentar a profundidade da experiência humana; e assim, quem diria que, com a coragem de quebrar o silêncio, não seriam capazes de transformar outras vidas também?

Aquela manhã começou como qualquer outra, mas havia algo no ar que parecia promissor. Laura pegou o metrô em direção ao trabalho, mas, dessa vez, seu coração pulsava com um desejo inquieto de mudança. Sentada entre outros passageiros que se imergiam em suas telas, ela se viu pensando nas palavras daquela nova colega, Antônia, que tanto a inspirou. O que tinha de tão especial em Antônia que a fazia questionar sua própria rotina, seu espaço seguro dentro de suas bolhas psíquicas?

Naquela manhã, mesmo a cidade cinza parecia menos opressora. O olhar atento de Laura se perdeu nas pessoas ao seu redor. Ela se perguntava quantos outros como ela estariam vivendo uma vida limitada, afogados em um conforto que não trazia felicidade. Quantas histórias humanas poderiam ser exploradas se cada um tivesse coragem de compartilhar o que realmente pensava? Um pequeno impulso interior dizia que estava na hora de dar esse primeiro passo.

Marcos, por sua vez, levantava-se cedo, como sempre fazia. Na sua rotina precisa, não havia espaço para muitas inovações. O café ficou amargo para o seu paladar, reflexo do tédio acumulado em suas horas diárias. Ele sentia que estava sendo levado pela correnteza da vida sem nenhuma direção clara. Porém, na partida daquele dia, um pensamento surgia frequente em sua mente: "e se houvesse algo mais fora dessa bolha?"

Eles se encontraram em uma pausa para o café, o aroma do grão torrado quebrando a monotonia do espaço corporativo. Laura tomou coragem e decidiu puxar assunto, agora sentindo a antecipação que lhe faltara em tantas outras vezes. "Marcos, você já parou para pensar como nossas conversas são sempre as mesmas? Que tipo de novidade você traria se tivéssemos liberdade para dialogar?" O olhar dele se iluminou com a pergunta.

"Isso é verdade. Parece que estamos sempre nas mesmas trilhas, fazendo nossos mesmos comícios sobre o trabalho, mas curiosamente, nada que realmente faça a gente vibrar," ele respondeu, um feixe de esperança na voz. A interação, mesmo desajeitada, parecia desbloquear algo até então escondido. O que Laura não sabia era que, naquele exato momento, Marcos enfrentava seu próprio desejo de ruptura.

A conversa, que inicialmente poderia parecer banal, ganhou uma nova profundidade. Eles trocaram ideias sobre as últimas leituras, música e até mesmo o significado de conexões humanas autênticas. Esse instante foi como uma lufada de ar fresco em suas vidas sufocadas, um sinal de que a mudança era possível — e que ela poderia começar com um simples diálogo.

Para Laura, aquela conversa com Marcos tornou-se uma espécie de catalisador: era hora de ir além, de buscar novas experiências. As palavras de Antônia ressoavam em sua mente, incentivando-a a explorar, a se permitir vivenciar o novo. O coração batia mais forte, a adrenalina começava a animar suas veias. E a ideia de que o que a cerca não precisa ser o que define quem ela é, começava a tomar forma.

Em um gesto impulsivo, Laura sorriu, "Que tal nos comprometermos a trazer um tema novo para cada café que tivermos juntos? Vamos nos desafiar a explorar o que está além de nosso seguro reduto." Marcos acenou, a animação pairando no ar entre eles. Ele não estava apenas concordando, mas sentindo-se parte de algo maior.

Era uma pequena decisão, em termos práticos, mas significava um salto gigantesco para aqueles dois jovens que antes se sentiam presos. Agindo assim, eles não apenas brotavam com potencial, mas tornavam-se consciência viva do que uma simples decisão poderia fazer: abrir a porta para um mundo mais vasto, repleto de nuances e possibilidades a serem exploradas.

E daquele dia em diante, as conversas entre Laura e Marcos passaram a incluir não apenas suas conversas sobre a rotina do trabalho, mas se transformaram em uma jornada de descobertas, um convite sincero à aventura do desconhecido. Ambos estavam prontos para iniciar a desconstrução de suas bolhas psíquicas, desbravando um caminho que poderia levá-los a novas realidades e experiências enriquecedoras. A curiosidade começava a se tornar o combustível para suas vidas. E ali, sob a luz incipiente da manhã, um novo capítulo de suas histórias era iniciado, pulsando com a promessa de diálogos significativos que os libertariam de seus silêncios.

A jornada de reconexão de Laura e Marcos começou a ganhar forma concreta. A atmosfera sempre pesada do escritório, marcada pela superficialidade nas conversas, parecia um pouco mais leve. No dia seguinte ao desafio que ela e Marcos se propuseram, ambos chegaram ao café da manhã com uma inquietação vibrante. A ideia de somar novas vozes às suas rotinas, de experimentar temas inéditos nas conversas, lhe fizeram sentir como se um novo capítulo estivesse se abrindo em suas vidas.

Durante as conversas informais na hora do café, Marcos decidiu que era hora de testar essa nova abordagem. Ele viu em uma mesa ao lado uma colega, Juliana, cuja presença costumava passar invisível diante dos olhos da equipe. A sua risada delicada e o brilho que iluminava seu rosto escondiam uma perspectiva única. O jovem deu um passo à frente, decidido a sondá-la e provocar um diálogo.

"O que você acha de falarmos sobre os desafios que

enfrentamos na cidade? Sabe, é um tópico que parece ser um terreno fértil para novas ideias", sugere Marcos, com uma empolgação crescente.

Juliana, um pouco surpresa, ergueu os olhos do celular. Havia algo chamativo na maneira como Marcos se expôs. Para ela, aquele convite inesperado não era apenas sobre uma conversa banal, mas uma oportunidade de partilhar suas próprias reflexões de vida. "Acredito que a falta de diálogo é um problema muito grande, não consegue sentir isso também?", respondeu, e a semente do diálogo se plantou.

Enquanto isso, Laura tinha seus próprios desafios na comunicação. Ela pensou em como o hábito de evitar discussões difíceis não apenas dificultava a formação de laços, mas a privava de saber mais sobre as histórias dos colegas. Plena de coragem, decidiu que se juntaria a Marcos e Juliana para fazer a inclusão de uma terceira voz. "E se trocássemos ideias sobre como a arte pode ajudar a conciliar nossas diferenças? Ultimamente, sinto que ela pode ser uma ponte poderosa entre as divergências", sugeriu, agora audaz.

As palavras de Laura, que antes poderiam ter ficado engasgadas em sua garganta, agora fluíam como água de um manancial. A conversa começou a fluir com facilidade. Marcos e Juliana também compartilharam suas opiniões sobre como a arte expressiva poderia se transformar em um espaço de acolhimento e como a música poderia acalmar ânimos exaltados nas discussões. Cada um trouxe suas próprias experiências, contribuindo de forma significativa para uma troca genuína e enriquecedora.

Com o passar do tempo, o simples desafio que havia nascido de uma ideia na conversa se transformou em um objetivo vivido. As conversas que antes eram marcadas pelo mesmo ciclo de sempre passaram a englobar uma riqueza variada de tópicos. O escritório se tornara um espaço onde atitudes proativas floreciam e cada membro da equipe começou a se sentir parte de um todo incrivelmente valioso, onde a escuta e o respeito pelas diferenças se tornaram o novo mantra.

E assim, impulsionados pela coragem de desmantelar suas bolhas, Laura e Marcos estavam apenas no começo de uma saga onde a reconexão não se resumia apenas a seus laços, mas procurava o coletivo, fortalecendo não só suas próprias histórias, mas também as dos que os cercavam. No calor dos diálogos, percebiam que cada voz era uma peça vital no mosaico da vida. Chegava o momento de celebrar esse despertar da empatia e da inclusão, como instrumentos capazes de transformar não apenas suas interações, mas também a própria essência do ambiente ao seu redor.

Desse dia em diante, a luz que emanava de seus encontros serviu como lembrança constante de que a vida floresce à sombra do pleno entendimento entre os seres humanos, e cada conversa poderia ser a entrada para um universo de descobertas. No final, os ecos do silêncio que predominavam nas conversas das bolhas psíquicas se tornaram ecos de risos, empatia e conexão.

Essa jornada em busca de novas vozes não só os transformou, como levou outros a fazer o mesmo. Laura e Marcos agora viviam a experiência de libertação, não apenas de si mesmos, mas dos ao redor. Quanto mais conversavam, mais perceberam que suas bolhas se desfragmentavam, dando espaço para um novo mundo, repleto de vozes que antes não eram ouvidas.

Capítulo 3: A Dinâmica do Diálogo

O Valor da Diversidade de Opiniões

Quando se fala em diálogo, é essencial entender a riqueza que a diversidade de opiniões e perspectivas pode trazer. Imagine um painel de diversas cores, cada uma aportando suas matizes, formando uma bela obra de arte. Assim também são as ideias quando compartilhadas: elas têm o poder de criar um ambiente vibrante, onde a compreensão e empatia flutuam no ar.

Laura e Marcos, em sua jornada de autodescoberta, começaram a perceber que o poder do diálogo reside justamente na capacidade de escutar o outro. Eles aprenderam que o silêncio que anteriormente reinava em suas conversas era, de fato, um ladrão de oportunidades. O desafio, portanto, era abrir-se para o diferente; desbravar o vasto e inexplorado território das experiências alheias.

"Pense bem, Marcos. E se estivéssemos perdendo a chance de aprender algo que poderia mudar nossas vidas?" A frase de Laura ressoava um eco dentro dele, amplificando um desconforto que já começara a se formar. Era nessa busca pelo novo que eles encontraram o valor inestimável do diálogo. Quando conviveram com pessoas cujas experiências eram diferentes e cujas vozes lhe traziam um sentido inédito, o mundo que conheciam se ampliava. Mas, como fazer isso?

Ao longo de conversas com colegas, foram surgindo histórias marcantes. Juliana, a nova colega que não apenas conversava sobre trivialidades, mas discutia temas profundos, trouxe um novo gosto ao cotidiano deles. O relato dela sobre um projeto social que promoveu cultura em bairros carentes foi um faminto chamado ao diálogo, desafiando a superficialidade, e desnudando as verdades que sempre estavam ali, à espera de serem descobertas.

Entender e valorizar as opiniões divergentes não é um exercício comum. Muitas vezes, a escuta se torna seletiva, ritualizada, e os ouvidos estão mais preocupados em elaborar a resposta do que em absorver o que o outro diz. Laura achou prudente refletir sobre as barreiras que as pessoas enfrentam para acolher a diferença, especialmente quando o medo da rejeição ou do julgamento se transforma em um fardo difícil de suportar. Ao expor suas inseguranças em voz alta, comunidades inteiras conseguem criar uma conexão genuína.

Um dia, durante uma reunião, Marcos decidiu arriscar e compartilhar experiências e dilemas que enfrenta em sua carreira. "Eu gostaria de saber como vocês lidariam com a competição. É algo que tem me deixado angustiado." O impacto foi imediato. Outros colegas começaram a compartilhar também, e a sala logo se transformou em um espaço de vulnerabilidade, onde todos tiveram a possibilidade de expressar sentimentos, fragilidades e, acima de tudo, a sensação de não estarem sozinhos.

As mudanças começaram a florir como flores em um jardim. Somente quando se dá espaço para olhar do outro ângulo e reconhecer o valor das diferentes perspectivas é que se consegue promover um aprendizado genuíno que transcende as barreiras do conhecimento técnico. As novas informações adensam as relações, ajudando a tecer um tecido social mais forte, mais coeso.

Assim, Laura e Marcos compreenderam uma lição fundamental: o diálogo é uma ponte construída de mãos abertas, vulnerabilidades compartilhadas e, acima de tudo, respeito pelas vozes uns dos outros. O eco do silêncio começou gradualmente a se dissipar, dando espaço a uma sinfonia encantadora, onde cada pessoa tem seu lugar, sua voz, e onde a diversidade não apenas é acolhida, mas celebrada.

Essa jornada de descoberta dos valores do diálogo trouxe consigo uma nova perspectiva, onde as vozes alheias são tratadas como tesouros a serem descobertos, movimentando águas profundas que podem transformar a maneira como nos relacionamos e convivemos em comunidade. A beleza delas reside na capacidade de colorir a vida, possibilitando uma compreensão mais rica e uma convivência harmoniosa.

Laura e Marcos estavam apenas iniciando, mas a eles se juntou um núcleo mais amplo de colegas dispostos a desafiar as normas e mergulhar na maravilhosa complexidade das trocas humanas. Os ecos da mudança começavam a ressoar por todo o escritório, ecoando até nas conversas informais após o expediente, onde a alegria de compartilhar e de existir genuinamente uns para os outros florescia.

Estratégias para Promover o Diálogo

Ao ingressar nessa nova fase da jornada de Laura e Marcos, ambos começaram a se conscientizar da importância de desenvolver estratégias eficazes para promover interações significativas. Perceberam que o diálogo não era apenas uma troca de palavras, mas um ato rico em emoções e entendimento mútuo.

Uma das práticas que se tornou essencial foi a escuta ativa. Laura incentivava seus colegas a se concentrarem totalmente no que o outro estava dizendo, sem distrações. Essa habilidade não apenas refletia respeito, mas também criava um espaço seguro para que ideias vulneráveis surgissem. "Quando alguém fala, devemos escutar com a mesma intensidade com que falamos. E isso passa pela vontade genuína de entender", dizia ela, com a convicção de quem já tinha enfrentado o silêncio opressivo.

Marcos também se lembrou de como era fácil interromper ou desvirtuar as conversas. Ele compartilhou uma experiência em que tentou abrir um debate sobre a importância da participação nas discussões comunitárias. Muitos se mostraram hesitantes, e o silêncio se instaurou. Perceber o efeito que sua abordagem despreparada teve o levou a refletir: era crucial começar devagar, respeitando o ritmo de cada um, permitindo que todos se sentissem à vontade para se expressar.

Para criar um ambiente mais inclusivo, Laura e Marcos decidiram formulário uma série de técnicas que poderiam ser aplicadas durante suas reuniões de equipe. Em vez de apenas reportar resultados e avanços, eles propuseram rodadas de discussão onde cada membro poderia trazer um tema ou uma ideia nova para o grupo. A ideia era simples: quem quisesse compartilhar, se sentaria à frente, enquanto os outros escutariam atentamente, sem julgamentos. Esse pequeno gesto fez maravilhas na dinâmica, amadurecendo não apenas o grupo, mas também cada indivíduo que participava.

Além disso, os dois abordaram questões mais desafiadoras que muitas vezes causavam resistência. Em vez de evitar debates que envolviam diferenças ideológicas, decidiram encará-los de frente. Criaram um fórum onde poderiam discutir temas controversos de forma empática. Marcos sugeriu que usassem uma rota de conversas que iniciasse com perguntas abertas, sempre finalizando com um convite à disposição de escutar o outro. Assim, deixavam claro que estavam dispostos a ouvir antes de responder, permitindo que a conversa fluisse naturalmente.

Enquanto labutavam para implementar essas novas dinâmicas, passaram a notar o impacto positivo nas relações interpessoais dentro da equipe. Gradualmente, o espectro de vozes que ecoava pelo escritório diversificou-se, oferecendo oportunidades de aprendizado mútuo sem que fosse necessário abandonar as próprias opiniões.

Laura comentou com entusiasmo: "Às vezes, um simples tema pode abrir portas para desafios mais profundos, ajudando-nos a crescer cada vez mais". O que antes era um terreno árido de trocas com medo da divergência, tornava-se um solo fértil e vibrante. As risadas e as reflexões no escritório começaram a dar lugar a um ambiente que pulsava de energia criativa e inspiradora.

O entusiasmo pelo novo caminho também disseminou-se além dos muros da empresa. Uma ideia simples, como a de promover um evento aberto à comunidade, ganhou vida. Eles organizaram um encontro onde poderiam discutir abertamente questões locais que os afetavam. Durante esse evento, as vozes de diversos participantes trouxeram à tona realidades tão distintas que, por si só, proporcionaram a chance de desenvolvimento e aprendizado coletivo.

Dessa maneira, Laura e Marcos compreenderam, mais uma vez, que habilitar o diálogo é um ato de coragem. Estender a mão pelo desconhecido envolve riscos, mas os benefícios ilustram a beleza da humanidade em sua plenitude. Desde a escuta ativa até a promoção de espaços abertos, suas estratégias se tornaram ferramentas de transformação social.

A importância de criar e fomentar um diálogo respeitoso e inclusivo brotava na essência de cada um que participava. Era uma mudança pequena, mas com potencial de impacto colossal, não apenas nas vidas de Laura e Marcos, mas no coletivo e em futuras gerações, que se inspirariam uns nos outros, contribuindo para a construção de um mundo muito mais harmonioso e respeitoso.

Avançando em suas histórias, Laura e Marcos estavam se convertendo em modelos de agentes de transformação — tanto em suas vidas quanto na vida de muitos outros que se tornariam parte dessa belíssima sinfonia de diálogos significativos e respeitosos.

Desafios e Resistências na Construção da Escuta

Ao longo da jornada de Laura e Marcos, os desafios e resistências que surgiam em suas tentativas de dialogar eram, muitas vezes, como muralhas invisíveis. A vontade de se abrir para o diferente frequentemente se esbarrava no temor do julgamento e na insegurança que acompanhava a exposição ao que é desconhecido. Esses obstáculos eram como sombras que obscureciam a luz promissora do entendimento mútuo.

“É difícil, não é?”, disse Laura certa manhã, enquanto os dois tomavam café antes de mais um dia de trabalho. “Eu quero mudar essa dinâmica, mas parece que sempre existem aqueles que preferem abraçar o silêncio a se arriscar em discussões” — e suas palavras reverberavam a frustração que muitos sentiam ao tentar abordar temas difíceis.

Marcos concordou, mexendo na xícara. “Sim, e a questão é que muitos estão tão presos em suas bolhas que nem percebem o quanto isso as desumaniza. Já reparou como, quando um assunto polêmico surge, as pessoas simplesmente se fecham? O medo é palpável."

Esse medo se manifestava nas mais diversas formas: olhares críticos, sorrisos nervosos ou até mesmo risadas desconfortáveis. Muitas pessoas sentiam que ao expor suas ideias, estariam colocando sua identidade em jogo, correndo o risco de serem rejeitadas. Essa rejeição era um fardo difícil de suportar. A necessidade de pertencimento se sobrepunha ao desejo de expressar opiniões pessoais, criando uma tensão que fazia delas prisioneiras dentro de suas próprias mentes.

Laura lembrou-se de um evento recente que organizara para discutir as desigualdades sociais em sua cidade. “Foi um fiasco!”, exclamou, o desânimo evidente em seu rosto. "A maioria das pessoas simplesmente não apareceu. E quando alguns vieram, o silêncio era obsequioso. As opiniões divergentes não se tornaram debates, mas sim debates de um só lado.”

“Entendo. Minha experiência nesse sentido foi similar. Uma vez, tentei abrir uma conversa política entre amigos. Foi como jogar uma bomba na sala. Quando algumas vozes começaram a discordar, o clima ficou tão tenso que decidimos mudar de assunto para o futebol”, Marcos comentou, percebendo que a resistência não era apenas um problema deles, mas uma questão mais ampla. As vozes divergentes costumavam ser abafadas pelo medo do conflito.

O que era necessário, então? Um apelo à coragem. “Laura, talvez nós precisemos encorajar as pessoas a se sentirem seguras na conversa. Pode não ser fácil, mas pode ser a chave para desmantelar essas barreiras,” sugeriu Marcos, determinado.

Entretanto, abrir essas portas não era uma tarefa simples. Era um fato de vida que as redes sociais frequentemente potencializavam essa resistência à escuta. A polarização exacerbada que dominava muitos debates online se infiltrava no mundo real. “Na internet, as pessoas se sentem mais livres para atacar uma ideia, mas ao mesmo tempo estão tão distantes das consequências reais de suas palavras”, ponderou Laura, refletindo sobre esse fenômeno contemporâneo. “Isso só cria um ciclo vicioso onde o respeito e a empatia são deixados de lado.”

E assim, a consciência sobre a dinâmica que limita a comunicação se tornava mais evidente. Esse entendimento levou Laura e Marcos a se perguntarem como poderiam contribuir para mudar esse cenário. O convite aberto à vulnerabilidade, onde todos entendessem que, por trás de cada opinião, existe uma história pessoal, talvez fosse o primeiro passo necessário. Afinal, ao entender a narrativa do outro, seria mais complexo ignorar suas necessidades e sentimentos.

“Devemos ser os porta-vozes da vulnerabilidade, fazendo um chamado ao respeito. Não é fácil, mas o que mais temos a perder?” propôs Laura, enquanto o entusiasmo começava a brilhar em seus olhos. A ideia de desencadear diálogos autênticos e desafiadores poderia ser um ponto de partida poderoso.

"Sim! Dialogar com coerência pode ser uma forma de reafirmar a importância de ouvir o próximo; uma forma de promover a tolerância, por mais difícil que isso seja”, Marcos concordou. Ele sabia que cada pequeno passo contava e que as sementes da mudança poderiam frutificar onde menos se esperava.

O mundo exigiria coragem para desafiar e reconstruir as interações humanas. E assim, Laura e Marcos, armados com sua nova compreensão das resistências enfrentadas, sentiram que estavam prontos para levar esse desafio aos seus amigos e colegas.

E a pergunta ressoava entre eles: estariam dispostos a encorajar um novo diálogo, um diálogo que colocasse em xeque essas bolhas psíquicas e buscasse, quem sabe, iluminar o caminho para que outras vozes também pudessem se erguer?

O Papel da Educação na Empatia e Respeito

Enquanto Laura e Marcos se aprofundavam na transformação de suas interações cotidianas, uma nova camada de compreensão começou a se revelar: a educação, tanto formal quanto informal, desempenha um papel vital na formação de indivíduos mais empáticos e respeitosos. Essa percepção surgiu num momento de reflexão, quando ambos se lembraram das suas experiências escolares e de como a educação moldou suas identidades.

"Você já parou para pensar na influência dos nossos professores?" Marcos comentou, certo dia, enquanto tomavam café. "Essas pessoas tinham a capacidade de inspirar ou desmotivá-los de maneiras surpreendentes." Laura concordou, lembrando-se de um professor de literatura que sempre encorajava seus alunos a apresentarem suas opiniões, mesmo que divergentes. "Acho que aquelas aulas me ensinaram mais sobre liberdade de expressão do que qualquer outra experiência."

De fato, a educação deveria ser um terreno fértil onde a diversidade de ideias é não apenas respeitada, mas celebrada. Essa capacidade de acolher o diferente e de dialogar com respeito é fundamental para o crescimento pessoal e coletivo. Nas escolas, a prática de discussões abertas, que incentivam o pensamento crítico e o respeito às opiniões alheias, é essencial para que os jovens aprendam a valorizar a pluralidade de perspectivas e a apreender a complexidade das realidades que os cercam.

"Me recordo de um projeto que fizemos no colégio sobre culturas ao redor do mundo. Foi a primeira vez que percebi como cada um tem uma história e uma visão de vida única. Isso despertou em mim um interesse real pelas experiências do outro", Laura compartilhou, seu olhar vibrando com a lembrança. Essa experiência fundamentou em ambos a importância de se promover a educação que vá para além do conteúdo acadêmico, investindo no aspecto humano, onde a empatia e o respeito sejam o alicerce da formação.

Iniciativas que valorizam a escuta ativa, a criação de ambientes inclusivos e o debate sobre temas relevantes são essenciais na formação de indivíduos mais conscientes e respeitosos. Instituições que promovem educação socioemocional, por exemplo, têm provado que os alunos que participam de atividades que promovem a troca respeitosa tendem a formar comunidades mais solidárias e colaborativas. Essa abordagem é algo que Laura e Marcos estão decididos a cultivar em seu cotidiano.

"As organizações podem se beneficiar imensamente se implementarem treinamentos que busquem elevar o nível de empatia entre os colaboradores", propôs Marcos, entusiasmado. Ele percebeu que o trabalho em equipe se tornava mais eficiente quando as pessoas estavam dispostas a compreender as experiências e as emoções dos outros. "Uma equipe que se comunica com empatia não só produz mais, como também se sente mais satisfeita e motivada", lembrou.

Laura, por sua vez, decidiu que poderia contribuir para a mudança em sua escola, carregando essa bandeira de transformação. "Por que não organizamos um evento em que cada um pode compartilhar uma história de algo que aprendeu a partir de sua própria cultura? Isso abriria um espaço bonito para a troca de ideias!" O brilho em seus olhos deixava claro que ela estava cada vez mais apaixonada pela ideia de promover uma educação que transcende o meramente acadêmico.

Assim, ambos vislumbraram a construção de um mundo onde a diversidade e a inclusão se tornam essenciais na formação das novas gerações, criando ambientes que não só toleram, mas também celebram a singularidade de cada um. Essa troca de experiências pode reforçar a mensagem de que, ao ouvir abrir-se ao mundo do outro, encontramos não apenas a conexão, mas também a verdadeira essência da humanidade.

Laura e Marcos começaram a ver que a educação é a semente vital para plantar raízes de respeito, empatia e solidariedade numa sociedade que, com frequência, se coloca à prova diante de suas diferenças. O entendimento de que o respeito e a escuta ativa devem corresponder na prática inspira não só a eles, mas a todos ao seu redor, promovendo mudanças necessárias para um diálogo genuíno e enriquecedor.

Com o tempo, a transformação que buscavam em suas vidas começou a ecoar em titulações e iniciativas, criando um círculo virtuoso que reverberava na comunidade ao seu redor. A educação, longe de ser apenas uma formalidade, passava a ser vista como um ato de cuidado e respeito que poderia moldar o futuro mais inclusivo e respeitoso em que tanto sonhavam.

Assim, Laura e Marcos não apenas começaram a quebrar suas próprias bolhas psíquicas, mas também se tornaram porta-vozes dessa mudança necessária, cientes de que a jornada pela empatia e pelo respeito é, acima de tudo, uma jornada compartilhada.

Capítulo 4: O Despertar da Consciência

A Conscientização da Bolha Psíquica

Quando se decidiu por aprofundar o entendimento sobre as relações humanas e as percepções que moldavam suas interações, Laura e Marcos começaram a perceber que estavam presos em uma bolha psíquica. Não era assim tão perceptível no início, mas com o tempo, as narrativas que ouviam, as pessoas com quem conviviam e até os conteúdos que consumiam foram se revelando como muros invisíveis que restringiam sua perspectiva.

"Já pensou quantas conversas parecem girar sempre em torno dos mesmos assuntos?", Marcos questionou um dia, enquanto observavam o movimento da cidade. Os rostos apressados e a rotina mecanicista ao seu redor refletiam muito da vivência de sua própria equipe. "É quase como uma prisão composta de pensamentos que validam apenas a nós mesmos", ele concluiu. As palavras dele, simplesmente lançadas ao vento, jogaram luz sobre a rotina que pareciam ter aceitado sem questionar.

Laura lembrou-se de um momento marcante em uma de suas reuniões de equipe: "Era um ciclo, um eco de ideias que nunca mudavam. Todos estavam apenas reafirmando crenças, sem realmente ouvir uns aos outros". Nessa conversa, tanto Laura quanto Marcos sentiram a revolta pequena que se formava dentro deles, num impulso pela necessidade de transformação. Como poderiam desafiar as bolhas psíquicas que construíram com tanto afinco?

O caminho para a mudança se revelou profundo e, por vezes, doloroso. Afinal, romper com o conhecido não é tarefa fácil. Laura compartilhou uma história que ainda a surpreendia: um amigo de infância, Pedro, sempre fora contracorrente. Enquanto eles se limitavam a conversas superficiais, Pedro desafiava o status quo, apresentando novas ideias que faziam os outros sentirem-se desconfortáveis.

“Certa vez ele disse: ‘Por que precisamos aceitar a norma? O mundo é muito maior do que as caixinhas que inventamos para ele!’ Aquilo me fez repensar sobre a minha própria vida. Achava que estava vivendo um mundo pleno, mas na verdade, estava só mergulhada nas crenças que eram as mesmas de tantos outros.” Marcos sentiu um calafrio percorrer a espinha. Era uma revelação autoevidente: a necessidade de realmente ouvir o outro, de se abrir ao desconhecido.

Ambos acordaram para o fato de que a mídia e as redes sociais desempenhavam um papel decisivo na criação de suas bolhas psíquicas. Eles estavam implicados em uma armadilha de validação e reforço de ideias, um mundo virtual que antes parecia ser uma porta de entrada para formas diversas de pensamento, mas que, na realidade, servira apenas para cimentar suas próprias visões já estreitas.

“Basta olhar para nossas postagens nas redes sociais”, Marcos disse, o tom de voz se acentuando com cada palavra. “Compartilhamos o que ressoa com nossas crenças, muito mais do que os conteúdos que nos desafiam. Isso se tornou uma receita para a estagnação!” A insatisfação e a dor de um novo despertar estavam se manifestando enquanto se viam mais cientes desse fenômeno. O que viria a seguir era uma jornada não apenas de questionamento, mas uma vontade intrínseca de se reinventar, mesmo que isso quisesse dizer deixar de lado certezas.

Laura, determinada, decidiu que era hora de agir. “Precisamos ser autênticos em nossas escolhas, e isso envolve coragem," disse ela. "Quero desafiar o meu círculo, abrir espaço para tópicos que antes evitei. Estamos nas mãos do mesmo cenário?" A sensação de inquietação reverberava entre eles—como se no ato de se permitir a transformação estivesse um mar de possibilidades à vista.

Decidiram então iniciar uma conversa aberta com colegas e amigos, trazendo à tona narrativas que normalmente não eram abordadas, explorando novas ideias e experiências que poderiam facilmente ser ignoradas no dia a dia. Somente abrindo mão do que já conheciam, poderiam expandir suas próprias mentes e dar início a uma transformação que reverberaria não apenas neles, mas em todos os que os cercavam.

Com o coração pleno de ansiedade e esperança, Marcos e Laura se preparam para quebrar suas bolhas psíquicas, dispostos a se abrir a um novo mundo repleto de perspectivas e ideias. A consciência era o primeiro passo, e neste despertar eles se tornaram os principais responsáveis por sua própria metamorfose, deixando para trás as sombras que apagavam a beleza da diversidade e da empatia. A coragem de recomeçar jazia diante deles, imensa e abundante, e cada passo dessa jornada seria um convite ao novo, ao desconhecido, e, sobretudo, a um olhar mais profundo sobre a realidade que os cercava.

Conforme Laura e Marcos se dispunham a compartilhar suas experiências, um novo espaço de diálogo se formava ao seu redor. A cada conversa que se desenrolava, eles percebiam que não estavam apenas trocando palavras, mas promovendo mudanças significativas em suas percepções, abordagens e, acima de tudo, nas relações que cultivavam.

Certa tarde, enquanto estavam no café da empresa, uma discussão empolgante começou a surgir sobre as expectativas que tinham ao falar sobre suas experiências com diferentes culturas. Laura propôs que cada um deveria trazer uma história ou anedota relacionada a um momento em que se abriram para algo completamente novo e diferente do que costumavam acreditar. O olhar atento de seus colegas virou o sinal verde para que as trocas começaram a fluir.

"Eu nunca me esquecerei do dia em que conheci a Cleópatra de nossa equipe. Ela vem do Egito e trouxe toda sua cultura vibrante para as reuniões", Marcos mencionou com um sorriso. "Uma vez, ela contou como o café egípcio é preparado, com tanto carinho e tradicionalismo. Eu estava tão surpreso com a riqueza daquela história", completou, animado com as lembranças.

Laura, contagiada, continuou: "Sim! E o jeito como ela falava sobre a comida! Uma vez, ela fez um almoço egípcio para nós e todos ficaram encantados. Aquele sabor! Desde então, aprendi a valorizar a diversidade culinária como forma de entender melhor as pessoas." O grupo agora estava em plena sintonia, os rostos radiantes e as expressões curiosas matizando a conversa.

Nessa atmosfera vibrante, outras vozes começaram a ecoar. Renata, uma colega mais reservada, terminou quebrando seu silêncio: "Eu sempre sentia que minha visão de mundo era limitada. Uma vez, quando viajei para a Bahia e fui recebida com tanto calor e alegria, percebi que há vida em todos os lugares. Precisamos nos permitir vivenciar as diferenças."

A conversa fluiu para longe, pontuada por risadas e reflexões sobre o que cada um aprendeu ao se abrir a novas culturas. Laura e Marcos estavam se transformando em catalisadores da mudança, fazendo com que não só eles, mas todos ao redor, começassem a derrubar as barreiras da monotonia e da resistência. O reconhecimento das experiências dos outros abriu caminho para um entendimento verdadeiramente profundo.

Com o tempo, a consciência acerca da escuta e do respeito eram fortalecidas. “A escuta é um presente, algo que nos permite não só ouvir, mas também compreender e sentir as nuances das histórias dos outros”, Laura ressaltou. Era essa prática a que eles estavam se dedicando cada vez mais, uma jornada de transformação que se refletia em um profundo respeito pelas diferenças e em um desejo genuíno de entender o que os tornava únicos.

Marcos, a cada dia mais convencido da importância dessas interações, também começou a explorar adequações em seu modo de escutar. Ele percebeu que o modo como escutava, refletindo as emoções do que era compartilhado, criava um pilar de conexão emocional com os colegas. “Quando você realmente se importa em ouvir, não há barreira que possa nos separar”, disse ele, e aquele sentimento começou a se espalhar pelo time, como uma onda de positividade.

Assim, num ambiente onde novas ideias e experiências eram não apenas bem-vindas, mas escolhas conscientes, Laura e Marcos começaram a transformar não apenas suas vidas, mas o ambiente de trabalho ao seu redor. Cada conversação, cada risada e cada momento de vulnerabilidade criava laços mais fortes e um espaço seguro para que a diversidade fosse celebrada.

Essa era a metamorfose que ambos desejavam, e cada dia que passava os envolvia mais nessa dança da descoberta, onde o diálogo se tornava uma ponte capaz de unir não apenas vozes divergentes, mas corações. Laura e Marcos estavam convencidos de que a verdadeira transformação começa com a coragem de dialogar e de se abrir ao diferente, criando um mundo mais rico e colorido para todos.

Durante suas explorações, Laura e Marcos decidiram se aventurar em espaços que não costumavam frequentar. A ideia de se confrontar com diferentes realidades os entusiasmava, mas também trazia consigo um resquício de receio. O primeiro passo foi participar de um evento multicultural na cidade, um verdadeiro caldeirão de culturas, sabores e vivências. Eles acreditavam que essa experiência poderia não apenas ampliar suas perspectivas, mas também desafiar as bolhas psíquicas que os aprisionavam.

Ao chegarem, foram recebidos por uma atmosfera vibrante, onde luzes coloridas iluminavam sorrisos e entrelaçam histórias. Os sons de risadas e conversas, misturados a ritmos típicos de diversas partes do mundo, criavam um ambiente eletrizante. Um painel repleto de tecidos e artesanato de várias culturas convidava os presentes a interagir e descobrir. Laura e Marcos sentiam a animação pulsando em suas veias; estavam prontos para serem desafiados.

"Olha aquele grupo ali, vamos nos aproximar!" Laura disse, puxando Marcos na direção de uma roda animada. Do outro lado, havia um grupo de pessoas dançando e contando histórias sobre seus laços culturais. Eles se apresentaram como o Coletivo da Diversidade. Uma mulher, de cabelos cacheados e radiante, começou a falar sobre as tradições da sua família indígena.

"A dança dos povos originários é um diálogo com a natureza", ela explicou, os olhos brilhando. "Cada passo é uma conversa com a terra que nos sustenta, uma forma de honrar nossos ancestrais. Venham experimentar!" Laura e Marcos hesitaram por um momento, mas uma onda de coragem os empurrou para o centro da roda.

Participar da dança foi uma experiência libertadora. O

ritmo e os movimentos eram diferentes, mas havia uma beleza envolvente naquela simplicidade. A partir daquela interação, puderam perceber como uma experiência comum – a dança – pode ser revestida de significados tão variados. Isso ressoou neles, abrindo um novo leque de entendimento sobre tradições e conexões humanas.

Na conversa que se seguiu, Laura se permitiu fazer perguntas desafiadoras. "Como o seu povo lida com a preservação da cultura em meio à modernidade?", ela questionou, sentindo um frio na barriga enquanto não sabia ao certo qual seria a resposta. Mas a mulher respondeu com um sorriso, compartilhando a luta e a resiliência de sua comunidade.

Ao final daquele encontro, estavam radiantes. A forma como os relatos se entrelaçaram e as experiências se cruzaram criaram um espaço de aprendizado e conexão. Não eram apenas duas pessoas que estavam ali, mas seres humanos cuja essência se entrelaçava na busca por compreensão e empatia.

Poucos dias depois, tiveram a ideia de se inscrever em um grupo de debates. Era um espaço que reunia pessoas de diferentes opiniões políticas e sociais, um verdadeiro campo de batalha de pensamentos. Eles sabiam que entrar ali seria um desafio — a confrontação de crenças frequentemente gerava tensão. Contudo, estavam dispostos a explorar o que o diálogo poderia oferecer, dispostos a ver além das discordâncias.

Na primeira reunião, as emoções estavam à flor da pele. O primeiro tema proposto foi sobre a importância da liberdade de expressão. Laura fez a primeira pergunta e ficou atenta à dinâmica. As opiniões surgiram como chamas acesas: algumas pessoas defendiam fervorosamente a livre expressão sem limites, enquanto outras se preocupavam com os riscos do discurso de ódio. Mesmo em meio ao embate de ideias, Laura percebeu que o respeito e a consideração pelo outro ainda prevaleciam.

Quando um discurso mais incisivo tomou conta, realizando os primeiros sinais de desrespeito, Laura teve a coragem de intervir. "Acredito que aqui todos estão dispostos a ouvir. Vamos focar em como podemos encontrar um terreno comum, em vez de acirrar as diferenças." A resposta inicial foi um olhar surpreso, mas a coragem dela abriu um pequeno espaço onde a empatia começou a florescer, e as vozes se tornaram mais amenas.

Marcos, observador, percebeu que a tensão inicialmente latente foi substituída por uma curiosidade crescente. Quando outros se sentiram à vontade para compartilhar, o tom da conversa começou a mudar. Algumas intervenções reconheceram os direitos e experiências do outro; a construção de uma comunicação respeitosa emergiu como um sopro de esperança, uma verdadeira lição sobre como atravessar um abismo ideológico.

Laura e Marcos saíram daquele encontro com as cabeças cheias e corações palpitantes. Finalmente, eles estavam experimentando o que significava realmente abrir-se para novos olhares e documentar suas próprias verdades. Aquela troca de ideias não apenas os enriqueceu, mas realçou a percepção de que divergência não é sinônimo de desgosto, mas de aprendizado.

Nessa jornada repleta de experiências significativas, Laura e Marcos se tornam adeptos de um princípio simples, mas poderoso: o diálogo pode desmascarar a rigidez das bolhas psíquicas. Agora, estavam prontos para perseguir novas aventuras que realmente permitissem ver a vida em suas múltiplas faces, desafiando-se a conhecer as verdades que antes permaneciam ocultas.

O ambiente da conversa estava impregnado de uma expectativa quase palpável. Laura e Marcos perceberam que realmente se lançavam em um espaço delicado, onde cada palavra poderia construir ou demolir a ponte da compreensão. Decidir abrir-se para o discurso que foge do habitual exigiu coragem e um profundo cuidado nas interações. Eles haviam visto, mais cedo, quão dispostas as pessoas estavam a ficaram vulneráveis, e assim sentiram que essa realidade em transformação trazia uma força consistente ao seu redor.

"Você já imaginou como seria importante criar um espaço onde todos se sentissem à vontade para expressar suas opiniões, mesmo que divergentes?" Marcos perguntou, seus olhos brilhando com a possibilidade de fazer disso uma prática constante.

"É a essência do que estamos tentando construir", respondeu Laura, enquanto lembranças das conversas anteriores fervilhavam em sua mente. "No entanto, não é apenas sobre abrir a boca e falar. É preciso um cuidado ativo. Precisamos escutar um ao outro com atenção genuína."

Num desses dias em particular, eles decidiram organizar uma roda de conversa durante o horário do almoço, onde seus colegas pudessem discutir ideias que normalmente eram consideradas tabus. Na expectativa de que o cuidado acontecesse espontaneamente, Laura e Marcos prepararam-se para agir como mediadores, garantindo que todos tivesse a chance de se expressar. Exatamente o que precisavam era da disposição genuína de quem estava presente.

"Vamos fazer algo diferente", propôs Marcos, ao entrar na sala. "Hoje, ao invés de discutir com nossas vozes, que tal falarmos com nossos corações?" A ideia calou fundo e um suspiro coletivo se fez ouvir entre os colegas. Ali, na atmosfera combinada de insegurança e expectativa, eles estavam em direção a um momento de autêntica troca.

Laura sugeriu que cada pessoa escolhesse um tema que ressoasse com elas, gerando um espaço onde relatos pessoais poderiam ser compartilhados sem medo do julgo. "Se preparem para ouvir e sentir o peso das histórias que vamos compartilhar. Cada voz é um pedaço do que somos!", disse ela com a segurança que se esperava de alguém tão fervorosa.

À medida que as vozes foram sendo levantadas nesse ciclo, surgiram tensões sutis, mas instigadoras. Os tornar-se-iam um eco de vozes afinadas que harmonizavam tanto experiências traumáticas quanto alegres.

Certa vez, a Ana, uma colega que frequentemente ficou em segundo plano, levantou a mão. "Quando eu era mais jovem, me sentia solitária em um mundo cheio de pessoas. Meu medo de ser rejeitada me impediu de fazer amigos e muito tempo levei para entender que a minha voz também tinha valor." O seu relato era cristalino e tocante, capaz de ressoar na alma dos próximos. Com isso, a roda não só abriu espaço para suas experiências, como fez com que outros se sentissem comovidos a compartimentar os seus próprios contos.

"Isso é exatamente o que precisamos fazer", Marcos murmurou para Laura quando a Ana terminou. "Podemos transformar nossas lutas individuais em uma guitarra que toca uma sinfonia de cura e conexão."

Mas o caminho não foi tão simples. Enquanto alguns se abriram, outros hesitaram. Surgiram questões incômodas e discursos mais acalorados. "Mas como vocês podem ter certeza de que suas histórias são válidas? Devemos reconhecer que não estamos todos no mesmo barco", disse o Lucas, um colega de postura crítica, fazendo com que de repente o clima leve se tornasse denso.

"É verdade, Lucas," Laura respondeu com serenidade. "Nem todos experimentamos o mesmo grau de dor, mas vale sempre lembrar que cada um tem suas batalhas. O respeito por cada vivência é a base para que possamos construir pontes ao invés de muros."

O murmurinho que seguiu a fala de Laura refletiu a complexidade e ao mesmo tempo a beleza da construção do diálogo. Estava claro que essa interação não apenas ampliava as tratativas deles, mas também segurava uma força frenética e um chamado à universalidade das experiências humanas. Todos ali estavam compartilhando sentimentos puros, e o ato de ouvir ativamente se desdobrava em um serviço que criava vínculos verdadeiros.

Enquanto as vozes eram trocadas, a Jay, uma colega que sempre fora tímida, decidiu mostrar-se. "Eu também tenho uma história. Lucho contra um transtorno de ansiedade que muitas vezes me faz sentir como se estivesse isolada. É difícil..." A partir de suas palavras, a vulnerabilidade de cada ser naquele espaço não apenas desaparecia, mas se tornava um símbolo de coragem.

No termina da reunião, uma coisa era clara: o ato de se abrir e permitir-se vulnerável era um presente precioso, que não só beneficiava quem falava, mas também quem escutava. Em meio ao desconforto inicial, uma trilha de empatia havia sido aberta e o coração de todos ali presentes estava pulsando em um profundo entendimento e respeito mútuo.

"Hoje, não apenas trocamos histórias, mas construímos

um espaço seguro, onde podemos pertencer, e isso é um passo monumental", disse Marcos, enquanto viam as pessoas se dispersarem após a troca intensa. Laura assentiu, reconhecendo a profundidade daquela interação, sentindo-se grata por cada voz que contribuiu para o elo formado.

À medida que caminhavam para as saídas, recém-conscientes da fragilidade e beleza da troca humana, a semente da mudança já havia sido plantada, e a coragem se tornava a nova filia que florescia a cada conversa sucedente. O cuidado agora não era um atributo isolado, mas um imperativo intencional no cotidiano, a base para sustentar diálogos que, mais do que conectar, estavam ensinando uns aos outros a escutar com o coração.

Capítulo 5: Quebrando as Correntes da Indiferença

A Origem da Indiferença

Laura e Marcos estavam sentados na mesa do café, a atmosfera era suave, com o aroma do café fresco invadindo suas narinas e risadas ao fundo ecoando um sentimento de convivialidade. Mas havia algo que pesava em seus corações: a indiferença que permeava as relaciones humanas e a sociedade em que estavam inseridos. Aquelas paredes, que antes eram apenas um cenário cotidiano, começaram a se transformar em um reflexo intenso das bolhas psíquicas que eles se esforçavam para romper.

"Você já parou para pensar como a velocidade da vida moderna parece contribuir para a nossa indiferença?", Marcos quebrou o silêncio, olhando nos olhos de Laura com uma expectativa sutil. "Estamos sempre tão ocupados com as nossas rotinas que, de certa forma, esquecemos de nos importar verdadeiramente uns com os outros."

Laura balançou a cabeça em concordância, suas memórias barulhentas criavam quadros de momentos passados. "É verdade. Com a constante abordagem das redes sociais, muitas vezes acaba sendo mais fácil apenas olhar do que realmente ver. Eu percebo que sinto uma desconexão até com as pessoas mais próximas. É quase como se estivéssemos olhando através de janelas empoeiradas, vendo apenas silhuetas em vez de verdadeiras vidas", disse ela, a voz tremendo entre a constatação e a reflexão profunda.

Alice, uma colega de trabalho, juntou-se a eles na mesa, trazendo à cena uma nova perspectiva. "E o que dizer das injustiças sociais? O que sentimos quando vemos alguém em situação vulnerável passando na rua? Muitas vezes, tão imersos em nossos próprios problemas, fingimos que nada aconteceu", ela argumentou, radicalizando a conversa com coragem. Esse era um desafio primordial a que Marcos e Laura se propuseram enfrentar, não era apenas uma escolha pessoal, mas uma chamada à ação.

"Como podemos lutar contra a indiferença? O que podemos fazer?", ponderou Laura, enquanto vislumbrava o mundo ao seu redor. Quebra de muros invisíveis exigia ações concretas. Marcos, percebendo a inquietação nos olhos de seus amigos, decidiu introduzir uma ideia desafiadora: "Que tal, ao invés de olharmos para as redes sociais apenas como entretenimento, a usarmos como um veículo para fomentar diálogos significativos sobre questões que realmente importam?" Ele expôs a possibilidade de transformar a banalidade em um espaço de reflexões valiosas.

"E isso exige coragem! Não uma coragem audaciosa, mas sim, uma coragem que se revela nas pequenas atitudes do dia a dia", Alice acrescentou, engajando-se na ideia de Marcos. "Devemos nos comprometer a nos envolvermos com a realidade ao nosso redor, ouvindo e apoiando uns aos outros. A verdadeira mudança começa onde as conexões humanas são cultivadas."

Enquanto a conversa fluía, Laura se lembrou de momentos em que a indiferença se transformava em uma barreira invisível e sufocante. Uma antiga must-rave, uma manifestação que trazia jovens a protestar por mudanças climáticas, ecoava em seu pensamento. "Eu estive lá, rodeada de milhares de pessoas gritando, pedindo mudança, mas sinto que muitos só estavam seguindo a onda. A indiferença ainda é uma presença tão ativa dentro de nós, mesmo em eventos que deveriam unir", refletiu.

A ideia de que a mudança não poderia ser apenas um grito no vazio, mas uma decisão consciente de agir e se importar ressoou com os três. Decididos a serem agentes ativos da mudança, Marcos, Laura e Alice se propuseram a afastar as correntes da indiferença, desafiando-se diariamente a serem mais conscientes e empáticos.

"Precisamos estabelecer um compromisso de nos envolver um pouco mais, com cada pequeno ato de bondade. Actos que podem parecer pequenos, mas, quando somados, criam repercussões imensas", enfatizou Laura, a determinação crescendo em seu tom.

Era nesse espírito que começavam a moldar suas ações, sempre juntos, com a promessa de não deixar que a indiferença assolasse suas vidas. A partir daquele momento, cada um livre de suas bolhas psíquicas, buscariam novos modos de engajamento com o mundo, cada dia se tornando um novo capítulo no compromisso deles para romper as correntes que os isolavam e transformá-las em pontes que os conectariam uns aos outros. A transformação pessoal deles se tornava, assim, um poderoso estopim para a construção de um futuro onde a indiferença teria cada vez menos espaço para se manifestar.

Esta nova jornada não seria fácil, mas eles estavam certos de que cada passo, por menor que fosse, seria vital para quebrar as correntes e promover um mundo mais unido e humano. A indiferença, uma força poderosa, finalmente enfrentaria a resiliência de corações dispostos a amar.

A Coragem de Se Importar

O café estava quente e as conversas vibravam em harmonia, mas havia algo mais profundo sendo gestado na alma de

Laura. Naqueles encontros, a ideia de indiferença, antes apenas uma sombra nas interações diárias, começava a ganhar forma, materializando-se nas vozes que se entrelaçavam ao seu redor. A cada novo relato, a cada nova reflexão compartilhada, ela sentia como se as barreiras que antes a mantinham distante das emoções humanas estavam se desfazendo.

“Você se lembrou daquela vez em que vimos um morador de rua pedindo ajuda e apenas passamos reto,” Marcos comentou, seu olhar distante, perdido em memórias de escolhas não feitas. “Não fazemos isso por mal, mas por este automatismo que dominou nossos dias.” A dor em sua voz foi como um eco que navegou pela pequena mesa, resonando na mente de Laura.

“É sobre a coragem de abrir os olhos e enxergar, né? Temos que nos permitir sentir”, respondeu ela, com um nó na garganta ao lembrar da expressão daquele homem. “A indiferença é uma corrente invisível que nos aprisiona.” Sabia que aquela conversa era mais do que um desabafo; era o início de um movimento interno, uma transformação da maneira de ver o próximo e suas lutas.

Alice, ouvindo atentamente, interrompeu: “Às vezes, um gesto muito pequeno pode fazer toda a diferença. Certa vez, uma simples conversa com um desconhecido na fila do banco me fez repensar o quanto eu estava distante das realidades dos outros.” Havia clareza em sua voz, que ressoava como um chamado à ação. Durante aqueles minutos, cada um começou a lembrar de histórias em que o medo de se envolver se sobrepôs à empatia que poderiam ter oferecido.

O calor humano da conversa intensificou-se e, em um momento de desarmamento coletivo, decidiram que não podiam mais se permitir a indiferença. “Vamos começar por nós mesmos, que tal?" Laura propôs, notando a transformação crescente que possuíam a cada passo. "Podemos praticar atos de bondade e envolvimento emocional, não apenas por aqui, mas em nossas famílias, empregos e comunidades."

"E como podemos fazer isso de forma prática?" questionou Marcos, visivelmente animado com a possibilidade de mudar o status quo. O brilho em seus olhos refletia a empolgação de quem estava prestes a se lançar em uma nova jornada. "Que tal um calendário de atividades? Poderíamos planejar encontros de doação, campanhas para arrecadar alimentos ou mesmo grupos de apoio nos bairros onde moramos. Assim, pequenos atos se tornarão grandes mudanças."

Alice concordou, seu rosto iluminado de entusiasmo. "Eu gosto dessa ideia! E não precisa ser algo grande logo de início. Pequenos gestos, como ajudar um vizinho, se engajar em projetos comunitários ou simplesmente dar atenção a alguém que realmente precisa. É isso que quebrará as correntes da indiferença!"

Laura sentiu a energia crescendo em torno deles, como se uma rede invisível de comprometimento e empatia estivesse sendo tecida. O tempo passou desapercebido e, a partir daquele momento, todos estavam prontos para se lançar na batalha contra a indiferença. Mas sabiam que o caminho não seria simples, e essa era apenas a semente que precisavam plantar.

Na semana seguinte, decidiram se comprometer com ações práticas. Organizaram uma reunião com colegas, e o envolvimento foi surpreendente. A cada história compartilhada, o círculo era preenchido com um sentimento crescente de união. O projeto de coletar alimentos para uma instituição de caridade despertou uma chama de empatia e ação que começaram a espalhar como ondas num lago tranquilo.

Ao final do mês, haviam arrecadado não apenas alimentos, mas também roupas e material escolar. O coração de Laura estava radiante. Cada item coletado era um lembrete de que a indiferença poderia ser derrotada pela vontade de se importar. Principalmente, aquela ilusão de que a ação de um só não faria diferença estava sendo desmantelada a cada dia.

Durante essa jornada, Laura refletiu sobre como, mesmo diante das dificuldades e desafios, a coragem de se importar era um passo essencial para traçar um novo caminho. As correntes da indiferença começavam a se romper, e cada pequeno gesto se tornava um ato significativo, gerando uma ressignificação nas interações de todos ao seu redor.

Conforme se aventuravam por novos horizontes de solidariedade e empatia, Laura, Marcos e Alice perceberam que a real transformação reside não apenas em ações, mas também na disposição de abrir os corações. Eles não eram apenas indivíduos vivendo em um espaço compartilhado, mas sim uma coletividade interligada, na qual se apoiavam mutuamente na busca por um mundo mais amoroso e humano. A coragem de se importar tornara-se assim, um mantra diário, ecoando a cada interação e decisão.

A conversa a respeito da indiferença que os despertou se transformou em um compromisso com a ação. E enquanto navegavam nessa nova corrente, sabiam que o caminho à frente seria desafiador, mas com certeza também cheio de beleza e aprendizado.

Laura e Marcos estavam determinados a não apenas falar sobre a indiferença, mas sim agir para transformá-la em empatia e conexões significativas. A ideia de que pequenas ações poderiam causar grandes mudanças começou a ganhar força entre eles, depois de algumas discussões animadas com colegas. Como o tempo passava na café da empresa, o entusiasmo se transformou em um projeto coletivo que prometia abrir os olhos de todos ao seu redor.

"Vamos criar um encontro mensal", sugeriu Marcos, animado. "Chamar todos para um espaço onde possamos compartilhar nossas histórias, ouvir uns aos outros de verdade e entender como a indiferença nos afeta." A sala iluminou com sorrisos, e a ideia foi rapidamente acolhida.

"O próximo passo é sobre como trazer pessoas de diferentes propostas de vida, e o que fazer para que cada um ofereça algo novo e intrigante", Laura completou, desenhando um plano. "Precisamos da colaboração e do compromisso de cada um." A energia positiva à mesa era palpável. Eles visualizavam um evento onde cada história contada seria um passo para derrubar muros e abrir portas.

No dia do encontro inaugural, a sala estava cheia de rostos familiares, todos cheios de expectativa. Marcos, de pé, fez a abertura com uma declaração poderosa: "Hoje não somos apenas colegas, mas sim um grupo unido por questões que realmente importam." Laura deu continuidade, explicando a importância da escuta ativa, da empatia e do envolvimento emocional.

"Temos que nos despojar das nossas armaduras, é hora de mostrarmos nossa humanidade", Laura instigou. A sala ficou em silêncio, como se todos estivessem se preparando para uma grande revelação. Ao longo da noite, cada um compartilhou experiências pessoais que revelavam vulnerabilidades e desafios, da dor da solidão à alegria dos reencontros.

Quando chegou sua vez, Renata, conhecida por seu jeito

reservado, teve um momento de bravura. “Durante algum tempo, pensei que não era suficiente. Mas aqui, entre vocês, eu percebo que a nossa coletividade enriquece cada um de nós. A indiferença apenas perpetua o sofrimento.” Suas palavras foram como um sopro de vida na conversa, abrindo espaço para mais verdade.

Cada história demonstrava como, mesmo em realidades diferentes, todos estavam ancorados em emoções universais. As risadas surgiram em meio às lágrimas, e a empatia cresceu em um ritmo que ninguém esperava. O evento revelava o poder de conectar almas e corações, e Laura e Marcos sorriam, percebendo que a mudança estava começando a acontecer bem ali.

“Estamos construindo um verdadeiro espaço de diálogo”, Marcos exclamou, radiante ao ver a interação entre os colegas. Sentia que o projeto teria um impacto significativo em todos eles, e a mágica das histórias compartilhadas começaria a fazer eco fora daquela sala.

Nos meses que se seguiram, o grupo cresceu. Encontros se tornaram regulares, e histórias passaram a ser o tecido que unia a equipe. “Precisamos de mais espaços”, sugeriu Laura em uma reunião. “Conteúdos de apoio a cada experiência vivida. Aqui podemos aprender e nos inspirar.” Foi assim que começaram a fazer uma coleta ativa de histórias que poderiam ser transformadas em workshops interativos.

Um dia, ao lançar um tema sobre compaixão, a conversa se aprofundou num nível palpável. “Como cada um de nós pode realmente se disponibilizar para mudar essa esfera em que vivemos? ” interpelou Marcos. Ele sabia que isso não era apenas um atalho; era um convite à transformação de mentalidades.

“Precisamos passar da teoria para a prática”, instigou

Laura, primeiro de maneira tímida, mas logo com fervor. “Como poderia nossa equipe se destacar não apenas no trabalho em si, mas também como catalisadores de mudança positiva?” A ideia de agir para fazer a diferença ressoava com todos.

Enquanto isso, na rede social interna da empresa, Marcos começou a compartilhar sugestões de livros, filmes e documentários que ofereciam novas perspectivas. “Isso pode ser uma ponte para conversas que valem a pena!” ele pensava animadamente. A troca de ideias cresceu, e, em pouco tempo, uma cultura de envolvimento começou a se formar.

O que começou como um projeto pequeno, um mero encontro, se desdobrou em uma onda de transformação. A indiferença questionada pelos três se transformava em curvas de empatia que se intensificavam em cada novo ciclo. Laura e Marcos, com suas vozes unidas, se sentiam parte de um movimento maior, onde a compaixão e a conexão se transformavam em novos hábitos diários.

E assim, com o coração mais leve e a alma aberta, passo a passo, juntos estavam moldando um mundo onde a indiferença não apenas era questionada, mas desmantelada pela força do envolvimento humano. A jornada havia apenas começado.

A construção de um futuro inclusivo e compassivo implica em um compromisso inadiável com a transformação interior. Ao refletir sobre como despertar o interesse por um mundo mais harmônico, que ainda se equilibra entre a indiferença e a empatia, Laura e Marcos perceberam que as pequenas, porém contundentes, decisões diárias poderiam significar a diferença e abrir novos horizontes.

"Você já pensou no impacto que podemos ter com as

ações minimamente diferentes no nosso cotidiano?", Laura questionou enquanto caminhavam pelo parque, cercados pela natureza vibrante que contrastava com a frieza da rotina comum. O aroma do florescimento enchia o ar e, em cada passo, sentiam uma renovação na própria alma. "Simplificar o olhar e acolher o diferente; isso pode ser revolucionário."

Marcos, imerso na reflexão, respondeu com um brilho de entusiasmo. "Exatamente! Imagine se todos nós decidíssemos, ao menos uma vez por semana, reservar um tempo para ouvir a história de alguém que sequer conhecemos direito? Poderia ser o ponto de partida não apenas para a mudança pessoal, mas para um redirecionamento social mais amplo." Ao pronunciar essas palavras, ele já visualizava as pequenas revoluções nas relações a partir de uma atitude tão simples.

O futuro que almejavam não dependia apenas de grandes gestos, mas do cultivo da empatia em ações diárias — como trocar ideias com o vizinho, envolver-se com o comércio local, ou ainda contribuir ativamente em causas sociais que tocam as fibras do ser humano. As possibilidades eram infinitas, e a verdade foi se tornando cada vez mais clara: a conexão genuína entre as pessoas era o elixir necessário para mitigar as correntes da indiferença.

"A vulnerabilidade não é uma fraqueza, é um ato de coragem", Laura acrescentou, relembrando as últimas trocas fortalecedoras que vivenciara nos encontros recentes. "Quando nos expomos e compartilhamos nossas histórias, não apenas quebramos barreiras, mas acendemos esse fio invisível que nos une." Era como se a cada palavra emanasse uma energia capaz de aquecer os corações ao redor, uma verdadeira transformação que começava ali, no íntimo de cada um.

Com a consciência de que seus atos individuais poderiam

se propagar em ondas de mudanças, ambos decidiram que era hora de agir. "Vamos iniciar um projeto comunitário. Poderíamos organizar um ciclo de palestras e rodas de conversa, onde outras pessoas também possam compartilhar suas experiências e crescer juntas. Um espaço onde cada voz tenha seu valor", sugeriu Marcos, empolgado.

"Sim!", concordou Laura. "E também podemos convidar oradores de diferentes áreas, que tragam conhecimentos para que possamos aprender uns com os outros. Isso é um passo fundamental para a criação de uma rede de apoio ao envolvimento e à inclusão social."

Essa ideia foi recebida calorosamente entre amigos e colegas, despertando um verdadeiro fervor coletivo. O futuro começava a tomar forma: um lugar onde as correntes da indiferença seriam rompidas e as vozes diferentes teriam espaço para serem ouvidas, respeitadas e, acima de tudo, compreendidas.

"Voltemos sempre a isso. Estamos não apenas construindo um conjunto de discussões, mas também um lar de inclusão e acolhimento", afirmou Marcos com firmeza. A determinação deles crescia a cada passo e, essa empolgação transformava-se em um pacto silencioso, um compromisso de propagar amor e compreensão, uma jornada que além de colocar a teoria em prática, traria a verdadeira essência de um futuro onde a indiferença não teria espaço.

Assim, ao mergulharem nessa missão compartilhada, Laura e Marcos compreendiam que estavam apenas começando. A densidade de suas experiências se tornava luz e motivação para os que os cercavam. A luta contra a indiferença não se tratava de uma batalha isolada, mas sim de uma dança em conjunto, em busca de uma humanidade mais rica, vibrante e compassiva. O chamado à ação ecoava em cada coração: a empatia precisava ser cultivada e praticada, o futuro aguardava — e quando finalmente chegasse, seria pleno de possibilidades a serem exploradas.

Capítulo 6: A Teia da Empatia

A Conexão Profunda

Em uma manhã ensolarada, Laura encontrou-se em um supermercado, cercada por rostos apressados e carrinhos lotados. Era mais um dia comum em sua rotina, mas havia um calor intenso na atmosfera que parecia pressentir algo diferente. Enquanto esperava em uma fila para pagar, queria acreditar que hoje podia ir além do habitual; talvez, quem sabe, seria o dia em que faria uma conexão genuína com alguém. E foi então que ela viu.

Uma mulher idosa, visivelmente hesitante, estava tentando alcançar uma prateleira mais alta, apenas para perceber que as suas tentativas seriam em vão. O olhar de Laura viu não apenas a fragilidade física daquela mulher, mas também a oportunidade que se apresentava. Ao se aproximar, Laura sentiu o seu coração pulsar com um misto de compaixão e determinação. "Posso ajudá-la com isso?" ela ofereceu, seu tom suave e caloroso.

Os olhos da mulher brilharam com um sorriso, e em sua voz trêmula, respondeu: "Oh, muito obrigada, querida!" O gesto simples, longe de ser apenas uma assistência física, foi como um raio de sol em um dia nublado, quebrando a indiferença que tão frequentemente permeava o cotidiano.

Laura puxou o item desejado da prateleira e se preparava para seguir seu caminho, já imaginando o próximo compromisso que a aguardava, quando a mulher, ainda segurando a compra, a parou. "Sabe, você é a primeira pessoa que se importa o suficiente para ajudar hoje. O mundo precisa de mais pessoas como você." As palavras aqueceram o coração de Laura, fazendo-a perceber que aquele pequeno ato desencadeou a conexão profunda que tanto buscava.

Ao saírem juntas da loja, sentiu uma onda de gratidão. O que começou como um simples dia de compras ressoava em algo muito mais profundo. A empatização, ela concluiu, não se tratava apenas de salvar o mundo em grandes gestos, mas também nas pequenas interações, nos cuidados diários e na disposição de abrir os olhos para as histórias que se desenrolavam à sua frente.

A reflexão sobre a importância da empatia invadiu a mente de Laura durante todo o trajeto para casa. Desde que conheceu Marcos e Alice, seus encontros frequentemente abordavam a luta contra a indiferença, mas aqueles momentos genuínos de conexão eram o que realmente eram transformadores. Era preciso cultivar esse tipo de interação em sua vida e inspiração que poderia, definitivamente, cortar o tecido invisível da indiferença que envolvia tantos.

Ela se lembrou de algo que Marcos disse há algum tempo: "A empatia é uma força poderosa", e, finalmente, compreendeu. Não se tratava apenas de reconhecer a dor do outro, mas de se mobilizar e agir, de uma forma que desse significado e propósito aos dias.

Quebra de Barreira

Quando a noite chegou, ela não pôde deixar de refletir sobre o impacto que esse ato simples de compaixão teve sobre ela e sobre o desejo de se comprometer a agir com mais frequência. As palavras da velha pareciam ressoar em seu coração como um chamado. Logo, decidiu que era hora de compartilhar essa experiência transformadora nos encontros mensais que organizavam.

No próximo encontro, o calor humano e o espírito de

comunidade se manifestaram em toda a sala. Após as apresentações e as trocas de histórias, ela teve um momento para falar. "Hoje, enquanto fazia compras, tive uma experiência que gostaria de dividir com todos vocês." Ela contou a história da mulher idosa e dos sentimentos que emergiram desse simples ato de empatia.

Os rostos de seus amigos refletiram curiosidade. Naquele instante, Laura percebeu que tinha a capacidade de inspirar outros a agir de forma semelhante, a enxergar além da superficialidade dos encontros cotidianos. O primeiro a se manifestar foi Marcos, que a olhou com um aceno de cabeça de aprovação, seguido de Alice, que compartilhou uma vivência semelhante onde também havia ajudado alguém em um momento de necessidade.

"Só caro que esses momentos são tão poderosos. Eles têm o potencial de criar uma corrente de atos de bondade dentro de nossa comunidade. Temos que espalhar mais disso. Vamos criar desafios para cada um de nós, para fazer um ato de empatia por semana", propôs Alice, animada.

As ideias começaram a fluir e a sala se encheu de energia. "Desafios de empatia!" exclamou Marcos. "Quando nos comprometemos a ajudar outras pessoas, nos tornamos agentes da mudança. O impacto pode ser imensurável."

E assim, nesse espaço de escuta e cuidado, Laura e seus amigos iniciaram um pacto não só sobre como se comportariam em relação ao próximo, mas também em como poderiam desafiar uns aos outros a se abrir e se conectar em níveis mais profundos. Era ali que as raízes da empatia começavam a brotar, se espalhando como uma teia que uniria não apenas eles, mas todos que estivessem dispostos a se conectar.

O Novo Compromisso

Nos dias que se seguiram, o compromisso de cultivar a empatia se transformou em ação. Uma das primeiras iniciativas foi coletar alimentos para uma instituição carente da cidade. A ideia não só uniu a equipe, mas transformou-se em um movimento maior. Expandiram sua rede de contato e buscaram mostrar a todos que os pequenos atos de bondade eram fundamentais em um mundo onde a indiferença parecia reinar.

"Vamos fazer uma festa para entrega das doações, potluck!" Marco suggestiou. "Cada um traz algo, e assim ficamos mais próximos e comemoramos o impacto de nossas ações. É uma ótima forma de se conectar. Um evento social, educativo e inspirador."

Laura não poderia estar mais animada com a ideia de fortalecer vínculos por meio da refeição em conjunto e aproveitarem para falarem uns com os outros sobre suas experiências. "Que tal também convidarmos outras pessoas? Vamos levar esse movimento adiante. Precisamos de mais vozes!", ela disse, sua paixão inflacionando a energia do grupo.

A festa foi marcada, e, pouco a pouco, a organização começou a rolar. As conversas sobre empatia começaram a tomar mais espaço nas interações diárias, tornando-se parte de quem eram — em busca de um mundo melhor, mais humano e conectado.

Laura olhou para o futuro com uma nova esperança, pois compreendeu que a teia da empatia estava se estendendo diante deles, sendo criada não apenas com gestos, mas também com corações abertos e a disposição de ouvir verdadeiramente o outro. A coragem de agir, a habilidade de sentir e a profunda conexão com os outros tornaram-se o cerne da transformação que agora ansiavam em ver na sociedade.

As barreiras quase invisíveis que a indiferença trazia estavam sendo osciladas, e lá estavam eles, persistentes em sua missão, fortalecendo cada dia mais a rede que teciam com amor e respeito. Laura sorriu, pensando que a verdadeira mudança sempre começa por um simples ato, um olhar atento e um coração disposto. O mundo ao seu redor estava prestes a se reconfigurar de maneiras que nunca haviam imaginado.

Nos encontros mensais organizados por Laura e Marcos, o clima de antecipação era palpável. O ambiente cuidadosamente preparado para que cada participante se sentisse acolhido e seguro, incentivava um espaço livre de julgamentos. Assim, a ideia de diários coletivos, um espaço onde cada um pudesse registrar suas experiências e sentimentos, emergiu como um fio condutor para a empatia.

"Vamos começar com um exercício de escuta ativa", sugeriu Laura, a luz refletindo em seus olhos enquanto ela observava as reações ao seu redor. "A ideia aqui é que cada um de nós conte uma história pessoal, algo que tenha nos movido de alguma forma. Depois, vamos refletir sobre o que essas histórias têm em comum."

Marcos, sempre enérgico, tomou a palavra em seguida. "E prometemos a nós mesmos que a única regra é ouvir sem interromper. Esse é o momento de validar a presença do outro e dar espaço para que a vulnerabilidade se mostre. Cada voz importando-se, cada história aqui se entrelaçando."

A primeira a se manifestar foi Renata, que hesitou por um instante, mas decidiu compartilhar uma memória que a seguia há anos. "Um dia, eu estava em um parque, e vi um garoto brincando sozinho. Ninguém parecia perceber, mas ele estava tão feliz e tão triste ao mesmo tempo. Eu o observei e, pela primeira vez, a indiferença que sempre senti nas minhas interações se fez presente. Decidi me aproximar e o convidei para brincar comigo. A alegria que isso trouxe, não só a ele, mas a mim, ficou marcado dentro de mim."

As palavras delicadas de Renata ecoaram pelo ambiente e, aos poucos, outras vozes se levantaram, revelando experiências que, embora diferentes nas circunstâncias, tinham um tema central: a busca por se conectar. Laura viu o poder da vulnerabilidade se desdobrar como um tecido rico. O ambiente respirava empatia; discorrer sobre suas memórias virou um ato de coragem.

Quando chegou a vez de Marcos, ele compartilhou uma situação recente. "Eu estava em uma fila de banco e notei uma senhora que parecia estar aflita. Atrás dela, um rapaz começou a reclamar da demora, completamente ignorando o que estava acontecendo ao seu redor. O que fiz? Me virei para ela e perguntei se precisava de ajuda. Aquela simples troca de olhares se transformou em um sorriso que parecia iluminar o ambiente. Um gesto tão simples, mas que se revelou poderoso para nós dois."

As histórias continuavam a fluir, e a cada novo relato, as paredes invisíveis de indiferença eram lentamente desmanteladas. Um participante trouxe a história de uma vez em que se decidiu ouvir um colega que estava passando por dificuldades emocionais. Outro falou sobre a importância de pequenas interações no dia a dia, como cumprimentar um desconhecido na rua.

"Essas histórias fazem parte de quem somos", ressaltou Laura, sorrindo ao perceber como o grupo estava engajado. "Elas não apenas ilustram a conexão que todos nós buscamos, mas também mostram que a empatia é como uma ponte que construímos, e essa ponte se fortalece a cada novo ato de compreensão e cuidado."

Marcos fez um apontamento significativo. "Precisamos torná-las ações concretas, não esclarecer apenas sobre como a empatia se desenha em uma conversa, mas viver aquilo fora desses encontros também. Qualquer um de nós pode ser o ponto de partida para quebrar a indiferença no mundo."

Com essas reflexões, perceberam que uma ideia simples nascia ali: um desafio contínuo e colaborativo. Assim, surgiu a proposta de uma "semana da empatia", onde cada um se comprometeria a fazer um gesto de conexão a quem nunca se atreveriam a se dirigir antes. "Vamos criar uma plataforma onde poderemos registrar nossas experiências, propor novas ideias e observar o impacto dessas ações não apenas em nós, mas nos outros."

A ideia animou o grupo, e em suas conversas subsequentes, ficou claro que aquilo era o início de um verdadeiro movimento. Entre risadas e um ambiente coloquial, o compromisso de agir com empatia tomou novo corpo.

Laura podia quase sentir a energia pulsante do grupo se intensificando, um sinal inequívoco de que a teia da empatia realmente estava se formando e se entrelaçando entre eles. Este momento não apenas provocava uma mudança pessoal, mas começava a descortinar a possibilidade de um efeito crescente que cruzaria toda a comunidade.

No ambiente acolhedor dos encontros de empatia, a teia de conexões humanas estava cada vez mais entrelaçada. O grupo de Laura e Marcos percebeu que a diversidade de histórias poderia ser uma poderosa ferramenta para desmantelar preconceitos e expandir horizontes.

Durante uma dessas reuniões, em meio a sorrisos e olhares curiosos, um participante decidiu se abrir sobre um desafio que o acompanhava. Jorge, um homem de meia-idade com um coração generoso, começou a compartilhar suas experiências como imigrante. "Quando cheguei a este país, enfrentava não só a barreira da linguagem, mas o julgamento e a desconfiança de muitos. Durante muito tempo, me senti invisível", confessou, seus olhos refletindo uma mistura de tristeza e determinação.

A atmosfera ficou densa, e o silêncio tomou conta da sala, como se cada um ali pudesse sentir a dor e o peso do que Jorge havia carregado. Laura, percebendo a emoção no ar, incentivou. "Isso que você compartilhou é extremamente valioso. Como podemos ajudá-lo a se sentir mais conectado?"

"Às vezes, sinto que muitas pessoas não me veem", respondeu Jorge. "Eu gostaria que pudessem entender como é viver com medo de não pertencer. Mas, por outro lado, quero saber como posso me abrir mais para essa comunidade." Suas palavras reverberaram entre os presentes, como um chamado para ação.

Depois de algum tempo, Marcos levantou-se e disse: "Você não está sozinho, Jorge. Podemos fazer uma prática de escuta efetiva. Se nos permitirmos abrir nossos corações, teremos a chance de aprender com suas experiências." E, assim, a conversa avançou, levando o grupo a discutir como poderiam ajudar Jorge a se sentir parte da sua nova realidade.

Alice, apaixonada pela ideia de transformação, adicionou: "Imaginem se criássemos um mural de histórias! Um espaço onde cada um de nós possa colocar um pouco da sua vivência. Isso pode ser uma forma de mostrarmos nossa diversidade e fortalecer a empatia. Ao conhecermos mais sobre a jornada de cada um, todas as barreiras se desfazem."

Inspirados pela proposta, muitas mãos se levantaram. E foi assim que os participantes começaram a planejar o mural. Cada um se comprometeu a trazer uma história, uma foto, ou algo que representasse suas vidas e as trajetórias que os moldaram.

Nos dias que se seguiram, a sala de reuniões se transformou em um espaço de criatividade e acolhimento. O mural tomou forma, refletindo não apenas a diversidade de experiências, mas também a beleza da junção de vidas. As histórias foram coladas lado a lado, quase como se fossem um único entrelaçar de emoções e memórias.

Na noite da grande revelação, o clima de expectativa estava no ar. Como se um novo capitulo estivesse prestes a ser escrito em suas vidas. Laura, cercada pelos participantes, observou como cada história contada trazia risadas e lágrimas, exemplos e lições necessárias. As palavras de Jorge, antes tão pesadas, agora flutuavam com liberdade em meio ao mural.

"Isso é mais do que um mural", disse Marcos emocionado. "É um símbolo do que podemos alcançar juntos. Cada um de nós, com sua história, é um passo para evoluirmos enquanto comunidade."

A cada nova interação, o grupo estava mais unido. As histórias de luta, de superação e de alegria serviam como combustível para a empatia florescente que estava se espalhando por ali. Aquela teia, antes invisível, ganharia forma e força, mostrando a todos que a diversidade é um presente inestimável.

No fim daquela noite, olhar para o mural era como ler um livro repleto de emoções humanas ricas e diversas. Para Laura, era a prova inequívoca de que a empatia, ao ser cultivada e celebrada, criava um espaço seguro e de pertencimento. Um espaço onde a indiferença não tinha domínio, onde cada ser humano era valorizado e escutado.

Os encontros não eram apenas reflexões de experiências, mas, sim, a construção de um novo futuro – repleto de compreensão e respeito, onde a diversidade era celebrada e a empatia nutrida a cada erguida de voz e compartilhamento de coração. Laura sorriu, sabendo que aquele era apenas o começo de algo grandioso.

A conexão estabelecida nos encontros mensais foi fazendo história, e assim surgia uma essência palpável entre os participantes que buscavam deixar suas marcas no mundo. Laura e Marcos, motivados pela energia coletiva, começaram a cultivar a ideia de que ações de empatia podiam fazer uma real diferença. Dentro desse ciclo, cada um se tornava o responsável pelo fortalecimento da teia que unia seus corações.

Inspirados pela diversidade de experiências compartilhadas, a ideia de criar iniciativas concretas para levar a empatia a outros cantos da comunidade começou a tomar forma. A princípio eram apenas conversas, mas logo se tornaram compromissos firmes. Como ponto de partida, Laura sugeriu um dia de serviço comunitário. "Que tal nos unirmos para ajudar uma instituição que já faz um trabalho tão bonito, como um abrigo para pessoas em situação de rua?" questionou, depositando a esperança de um brilho novo nos olhos dos colegas.

O sorriso de Marcos ao ouvir a proposta era contagiante. "E por que parar por aí? Que tal organizarmos um evento onde possamos arrecadar doações para esse abrigo? Assim, podemos juntar esforços e fortalecer ainda mais essa conexão entre nós e com a comunidade", acrescentou com a determinação de quem sabia que cada pequeno gesto poderia gerar ondas de mudança.

A sala encheu-se de ideias fervilhantes e o entusiasmo deu lugar a um planejamento prático. "Podemos criar um grupo em que cada um se responsabilize por uma parte da organização do evento. Com essa divisão, teremos mais chances de fazer algo grandioso", sugeriu Alice, animada ao ver a mistura de esforços que começava a se formar.

Juntos, eram mais do que uma equipe; eram um verdadeiro batalhão de empatia. Assim, ao longo das semanas seguintes, as conversas convergiam em ações concretas. Uma agenda cuidadosamente planejada surgiu, com todos se comprometendo a contribuir de alguma forma — seja na organização logística, na captação de recursos ou na divulgação da iniciativa.

A pressão do trabalho cotidiano não afastava a missão. "Imaginem quantas vidas poderemos tocar se cada ação nossa mudar um só coração?" Laura destacou, ciente de que cada pequena ação colaborativa tinha potencial para criar uma transformação maior. O espírito do grupo se fortalecia a cada atualização discutida; cada um emprestava suas experiências pessoais para nascentes que geravam uma corrente de solidariedade.

Havia um sentimento de pertencimento crescente. Com as doações e os preparativos tomando forma, a ideia do evento encarnava simbolicamente o que haviam aprendido sobre a empatia. Não eram apenas indivíduos fazendo sua parte, mas uma rede vibrante de corações e mentes se unindo por um único propósito.

Quando o dia do evento finalmente chegou, as energias estavam elevadas. O local escolhido para a arrecadação era uma praça no centro da cidade, um espaço que pulsava com a movimentação das pessoas em suas rotinas apressadas. Mas ali estaria um pequeno refúgio — um lugar onde poderiam se informar, se conectar e, mais importante, oferecer ajuda. Cartazes coloriam o ambiente, e as pessoas foram se reunindo para participar.

A ideia de que a empatia não se limitava aos encontros mensais era uma realidade vibrante. O mural das histórias esteve presente, onde cada um poderia deixar uma mensagem de carinho, um lembrete do impacto que um ato de compaixão pode ter. Ao longo do dia, os que passavam não eram apenas espectadores; tornaram-se participantes, interagindo e compartilhando suas próprias histórias. A conexão florescia como um admirável jardim de vivências e lições.

No final do dia, as doações superaram as expectativas. Juntamente com sorrisos e palavras de gratidão, estavam a materialização de um ideal: um passo significativo na luta contra a indiferença. Laura, com os olhos brilhando, percebeu que a verdadeira beleza da empatia realmente reside na disposição coletiva de cada um se unir e buscar um propósito maior.

"Hoje não apenas arrecadamos alimentos ou roupas, mas também cultivamos empatia. Nossas ações aqui podem reverberar para além deste espaço", Marcos enfatizou, e já imaginava como as histórias dessas doações poderiam, a partir dali, criar novos laços e momentos de luz para aqueles que mais precisavam.

E assim, nas mãos entrelaçadas, a bola de neve da empatia continuou a rolar, cada vez maior e mais forte, e cada um dos participantes fez sua parte na construção de uma sociedade menos indiferente e mais inclusiva. Laura sentiu-se em paz, sabendo que a luta pela empatia apenas começava, e essa jornada levaria seus corações a descobrirem novas histórias, novos desafios e uma vivência cada vez mais humana.

Nos finais e começos, ela encontrou seu propósito: Irradiar amor e solidariedade em cada gesto, e ao fazer isso, transformar não só a si mesma, mas também a todos ao seu redor. E a teia da empatia, mais vigorosa que nunca, se tornaria a base para um novo futuro a ser escrito.

Capítulo 7: Desafiando as Bolhas Psíquicas

Compreendendo as Bolhas Psíquicas

Em um mundo tão interconectado, é fascinante como, ao mesmo tempo, uma barreira invisível parece existir entre as pessoas. As bolhas psíquicas, conceito que permeia a mente humana, refletem essa dualidade: isolam e definem crenças, valores e percepções que moldam a forma como interagimos uns com os outros. O curioso é que frequentemente não nos damos conta de que estamos dentro de uma bolha. Somos forjados pelas nossas experiências, pela nossa educação, pelos grupos que escolhemos fazer parte. Cada um de nós constrói um mundo particular que, em muitos casos, nos afasta da diversidade e das realidades que diferem da nossa.

Laura, uma das protagonistas desta história, sempre foi uma observadora perspicaz. Desde o momento em que decidiu ampliar seus horizontes e se reunir com pessoas que pensavam de forma diferente, ela começou a notar que essas bolhas existiam não apenas em sua vida, mas em cada interação que testemunhava. Durante um café com Alice, sua amiga de longa data, ela se lembrava claramente da hesitação que sentiu ao compartilhar suas novas ideias de empatia. “Por que é tão difícil sair desta prisão invisível que construímos ao nosso redor?”, Laura indagou.

“Sabemos que, culturalmente, estamos cercados pelos mesmos padrões. Isso torna mais fácil ignorar o diferente, não é?”, respondeu Alice, olhando pela janela como se tentasse avistar algo além do habitual. Naquele momento, as duas se tornaram cientes de que essa dualidade das bolhas psíquicas era reforçada pelas redes sociais, pelo consumo de informações que alimentavam suas crenças, e, claro, por uma certa resistência a mudar.

Como essas bolhas se formam? Como podem perpetuar a indiferença nas comunidades? As influências sociais e midiáticas desempenham um papel crucial, insistindo nas narrativas que nos confortam e moldam. A psicologia do pensamento em grupo destaca um mecanismo de defesa que nos diz que, em vez de questionar nossa posição, é mais seguro permanecer na harmonia ilusória da aceitação. Com isso, acabamos relutantes em considerar outras perspectivas que possam nos desafiar.

Porém, Laura percebeu que enfrentar a zona de conforto, esse espaço onde as bolhas prosperam, é o primeiro passo para uma transformação significativa. Quando interagimos com pessoas que têm vivências diferentes, começamos a desconstruir o que sabemos e a abrir nossos corações para uma compreensão mais rica da humanidade. "Desafiar nossas próprias bolhas é um ato de coragem", ela refletiu. "Se quisermos realmente um mundo mais empático e conectado, é preciso sair dessa bolha que criamos."

Nesse sentido, os encontros com seus amigos se tornaram uma fonte de aprendizado contínuo. Marco e Alice, também percebendo a importância de desafiar suas próprias visões, exploraram maneiras de criar um ambiente onde essas discussões pudessem prosperar. Naquele caldeirão fervente de ideias, Laura começou a compreender que o verdadeiro potencial das interações humanas reside na disposição de ver o outro como um igual, um ser humano digno de empatia e respeito.

Aquele momento de descoberta não apenas iluminou o entendimento de Laura e seus amigos sobre suas bolhas psíquicas, mas também despertou um desejo coletivo de ir além. Acreditavam que se conseguissem, de alguma forma, conectar suas experiências e histórias, poderiam contribuir para a criação de um espaço mais aberto e menos hermético. Após a reflexão, era chegado o momento — juntos, decidiriam quebrar essas barreiras que restringiam suas interações e alimentavam a indiferença que tanto repeliam.

Assim, a jornada em direção a um espaço onde o diálogo e a troca de experiências pudessem florescer estava prestes a começar, e, com isso, uma nova esperança se formava.

O Caminho para o Diálogo

Após a imersão no conceito de bolhas psíquicas, Laura começou a refletir sobre como romper essas barreiras e promover um verdadeiro diálogo entre diferentes perspectivas. Em um dos encontros que organizou, ela compartilhou suas preocupações e a necessidade de cultivar um ambiente onde opiniões diversas pudessem ser discutidas abertamente. "Precisamos dar espaço para que todos se sintam seguros em expressar suas opiniões, mesmo que sejam diferentes das nossas", enfatizou, olhando para os amigos à sua volta.

Marcos, sempre provando ser um espírito inquieto e motivador, acenou em concordância. "A escuta ativa é fundamental. Não basta ouvir apenas para responder; precisamos ouvir com a intenção de entender". E assim, surgiu a proposta de explorarem juntos algumas técnicas para fomentar esse diálogo.

Alice, que tinha um talento natural para mediadora de conflitos, trouxe uma ideia empolgante. "Um exercício de escuta ativa poderia ser o primeiro passo. Que tal nos dividirmos em duplas e compartilhar histórias uns com os outros, enquanto um de nós fala e o outro apenas escuta, sem interrupções? Depois, o ouvinte pode resumir o que ouviu para garantir que entendeu corretamente".

O entusiasmo na sala era palpável. A ideia de

desmantelar as bolhas psíquicas pelo simples ato de ouvir parecia não apenas desejável, mas realmente transformador. Durante o exercício, cada envolvido passou a perceber a importância de escutar com empatia, e, por horas, as histórias começaram a ganhar vida. Promover um diálogo inclusivo se mostrava um passo essencial na direção de uma comunidade mais unida e diversificada.

Enquanto algumas histórias traziam risadas, outras tocavam em experiências desafiadoras. Esses momentos de vulnerabilidade eram cruciais, pois permitiam que todos reconhecessem que eram mais parecidos do que diferentes. Jorge, em uma das duplas, viu uma brecha para compartilhar suas experiências de vida como imigrante. "Toda a minha jornada tem sido marcada por conquistas e desafios que poucos conhecem. Às vezes, sinto que estou isolado nessa luta, mas quando ouço outras histórias, percebo que não estou sozinho." Seu relato reverberou em todos, provocando risos nervosos, mas também um profundo entendimento coletivo.

À medida que o exercício avançava, a resistência inicial começou a derreter. Cada um deles desafiava seus preconceitos internos e ampliava horizontes com as narrativas dos outros. Além de ser uma experiência catártica, aquilo ensinava como a empatia poderia ser cultivada através da escuta. Naquela sala iluminada por um sol radiante, as conexões surgiram da forma mais genuína.

Laura, assistindo à mágica transição que ocorria, percebeu que o diálogo entre diferentes bolhas tinha o poder de trazer à tona a verdade de cada um. Incitada por um desejo de ação, lançou um desafio no final do encontro: "Vamos nos comprometer a listar três pessoas fora da nossa bolha habitual e agir para contatá-las essa semana. Podemos agendar um café, uma conversa ou simplesmente se abrir a novos relacionamentos."

A empolgação no ar era contagiante. Aquela tarefa poderia parecer simples, mas Laura sabia que cada pequena ação trazia consigo a semente de grandes transformações. As ideias começaram a fervilhar, e cada participante ajustou sua lista de contatos. Falar com pessoas diferentes, mesmo que por telefone, seria incrível para experimentar.

Quando o encontro terminou, a sensação de propósito estava palpável. Os desafios que enfrentariam eram momentos mínimos frente à grandeza que poderiam alcançar ao se abrir para o mundo do novo. Laura sorriu, ponderando sobre o poder transformador que surgiu daquela sala, com corações e mentes prontos para romper barreiras e cultivar um diálogo genuíno. Sabia que, juntos, poderiam não apenas desafiar as bolhas psíquicas, mas construir um futuro pleno de pertencimento e empatia.

As histórias começavam a ecoar entre amigos que buscavam romper suas bolhas psíquicas, Laura percebia que a verdadeira transformação não vinha apenas da troca de palavras, mas sim da coragem de se abrir e permitir que a vulnerabilidade criasse espaços de conexão genuína. Era assim que um processo de verdadeira superação se desenrolava, levando-os todos a um entendimento mais profundo da coletividade.

Durante o próximo encontro, um dos participantes decidiu compartilhar sua própria história. Carlos, que tinha um ar de seriedade, foi convidado a falar após as primeiras histórias serem contadas. Ele exclamou, com um toque de timidez: "Quando eu era jovem, sempre fui um tanto isolado. Meus amigos queriam apenas brincar e se divertir, mas eu estava mais interessado em ler e aprender. Sentia que ninguém se importava, e isso me levou a construir uma bolha onde o medo de não pertencer ficava enraizado em mim."

O ambiente que antes estava leve, agora se tornara um espaço sacudido pela ressonância da identificação. Carlos continuou: "Porém, minha vida mudou radicalmente quando conheci um grupo que compartilhava interesses diversos, como a leitura, mas de forma mais profunda. Eles não apenas viam a literatura como uma atividade, mas como uma forma de construir pontes entre as pessoas. E foi ali que me percebi como parte de algo muito maior."

A tensão nas expressões dos ouvintes era palpável; a capacidade de Carlos de expor suas inseguranças e sua jornada de superação cativava a todos. "Lá, aprendi a importância de ser vulnerável e me permitir sentir conexão. Era como se o peso das expectativas que carregava caísse, e eu pudesse simplesmente ser quem sou. Hoje, entendo que essas interações foram o que me permitiram romper as barreiras que eu mesmo havia construído." Ao final, seus olhos brilharam enquanto ele finalizava: "Acredito que essa troca de experiências é a verdadeira essência da empatia."

Laura observava, maravilhada, ao ver como a vulnerabilidade de Carlos trouxe à tona a empatia em todos ali presentes. A conversa fluiu naturalmente, e as histórias de superação começaram a ser o fio condutor daquele encontro. Vanessa, outra participante, tomou coragem e compartilhou sobre seu trauma profissional. "Estava em uma empresa onde sentia que não tinha voz. A pressão para me conformar era tão forte que eu quase perdi a paixão pelo que fazia. Aprendi que ser diferente, quando abraçado, nos transforma em agentes de mudança. Hoje, trabalho em um lugar que valoriza a diversidade de ideias, e isso me trouxe uma alegria que há muito não conhecia."

O coração de Laura pulsava com um misto de empatia e esperança. Ela percebeu que cada narrativa contada abria novas portas de reflexão, unindo suas experiências sob um mesmo ideário de superação através da conexão verdadeira. Estavam coletivamente desmantelando as bolhas psíquicas que, por tanto tempo, haviam neblinado suas visões.

Ao final daquele dia, um sentimento de renovação pairava no ar como um perfume invisível. Haviam não apenas compartilhado suas histórias, mas também plantado sementes de compreensão que começariam a florescer em suas vidas diárias. Laura deixou o encontro convicta de que esses momentos eram catalisadores poderosos, capazes de inspirar outros a também desbancar suas próprias barreiras.

“Olha só para onde chegamos até agora”, comentou Marcos, enquanto começavam a se dispersar. “Acho que podemos criar um dia especial. Um evento onde não só nós, mas qualquer pessoa que queira, poderá se abrir e relatar suas histórias de superação. Imagine a quantidade de vozes que podem ecoar.”

Era isso que Laura queria. Criar um espaço onde cada história tivesse um lar, ressoando através da empatia e convidando outros a desafiar suas próprias bolhas. Com um brilho de determinação em seus olhos, ela começou a esboçar um plano que poderia realmente fazer a diferença.

Essa ideia ressoou entre todos, como um hino de libertação. A empatia que começaram a cultivar em seus encontros agora se transformava em uma ação concreta, uma nova página na narrativa de suas vidas. Laura compreendeu de forma dolorosa e magnífica: estar disposto a ouvir e se expor não apenas os transformava, mas poderia até mesmo puxar outros para fora de suas prisões invisíveis, dando um passo significativo em direção a um futuro onde a conexão genuína fosse a norma.

Era hora de agir. Era tempo de testemunhar a mágica de desmantelar bolhas psíquicas, uma história de cada vez.

O espaço de oportunidades estava se expandindo para Laura e seus amigos. À medida que se permitiam desafiar seus próprios limites e bolhas psíquicas, a primeira ideia concreta que emergiu foi a criação de um evento social que envolvesse a troca de experiências de vida, destinado a alcançar não só aqueles que pertenciam ao círculo já estabelecido, mas também ao público mais amplo – pessoas que talvez nunca tivessem considerado a importância da empatia em suas vidas cotidianas.

"Nós precisamos construir uma ponte, um espaço onde as diferenças possam ser celebradas, e onde cada um de nós pode compartilhar um pedaço de sua história. Hipoteticamente, poderíamos nomeá-lo 'Encontros de Empatia'!" sugeriu Marcos, imediatamente contagiado pela ideia.

Laura concordou, seus olhos brilhandos de entusiasmo. "Esse evento seria uma ótima forma de abrir caminhos para o diálogo. Podemos convidar pessoas de diferentes realidades! O que acham de adicionar um componente multicultural? Assim, teríamos uma gama de experiências que enriqueceriam nosso entendimento sobre a empatia e a diversidade."

Alice, ao ouvir as propostas e a sinergia do grupo, começou a visualizar um projeto concreto em sua mente. "Acho que poderíamos até explorar essa ideia como um festival, com estandes que representem diferentes culturas, com comidas típicas, histórias contadas e até apresentações musicais. Seria uma experiência imersiva!"

O entusiasmo no ambiente era contagiante. O grupo começou a se dividir em microequipes, cada uma focada em uma parte do evento. Alguns se encarregariam da logística, outros do contato com potenciais oradores e artistas, e um terceiro grupo se dedicaria à divulgação e atração de participantes. Laura ficou encarregada de fazer a lista de histórias que cada um gostaria de compartilhar durante o evento.

No dia seguinte, enquanto organizavam ideias e agendas, um novo desafio surgiu: como atingir realmente aqueles que mais precisavam de conexão? "Muitas pessoas que poderiam se beneficiar desse evento não estão nem perto do nosso círculo. Precisamos pensar em formas de alcançar a comunidade local", insistiu Alice.

Laura teve uma ideia que pode parecer simples, mas que poderia revolucionar a proatividade do grupo. "Vamos começar a visitar centros comunitários e abrigos próximos! É lá que podemos entender melhor as diversas realidades que existem e convidar pessoas que nunca tiveram a chance de contar suas histórias de vida."

Aquilo ressoou no coração do grupo. Com essa nova direção, eles não estavam apenas promovendo um evento, mas dedicando-se a criar um espaço inclusivo, onde cada voz, independente de sua origem, poderia ser ouvida e respeitada. Esse poderia ser o primeiro passo para desmantelar as bolhas psíquicas que existiam não só entre eles, mas também na comunidade como um todo.

Comprometidos, começaram a sair para as ruas, falando e fazendo visitas aos abrigos com muito respeito. Nesses encontros, suas percepções estavam se renovando. Muitas das vidas que encontraram eram marcadas por desafios extremos, mas também pela resiliência e pela esperança que cada um sustentava. O que parecia ser uma jornada do grupo se transformou em algo muito maior.

Naquela atmosfera de possibilidades, um sentimento profundo de propósito floresceria, onde poderiam conectar-se de verdade, sem barreiras, sem julgamentos. Laura percebeu que as ações de empatia construíam essas pontes, e cada gesto simples nutre não apenas os que precisam de apoio, mas também a quem oferece solidariedade, criando uma rede de corações abertos e mentes expandindo para um futuro sem preconceitos.

Enquanto o dia se transformava em noite e a amizade entre eles se solidificava, Laura viu que essa era a essência do que buscavam: construir um legado de inclusão, onde cada encontro e cada história contada agregasse valor à tapeçaria humana que eles queriam iluminar. Era nessa direção que cada um deles deveria seguir, desafiando suas bolhas psíquicas e sempre buscando a verdade no coração dos outros. E assim, a jornada de todos começava a tomar forma, com cada passo e cada amor deixado por onde passavam.

Capítulo 8: O Poder das Histórias

A Construção de Identidades Através das Narrativas

Em meio a um pequeno círculo de amigos reunidos na casa de Laura, um clima expectante permeava o ambiente. O cabidão, pendurado na parede e repleto de casacos, quase parecia ficar mais pesado com as histórias que aguardavam para ser contadas. Laura, sempre atenta ao poder das histórias, olhou ao redor, sentindo como se aquelas narrativas fossem as colunas que sustentavam as identidades de cada um deles.

"Vou lhes falar sobre a história da minha avó", começou ela, seus olhos refletindo uma luz suave. "Ela cresceu em uma pequena vila no interior, onde as tradições eram mais fortes do que os ventos que sopravam. Desde pequena, aprendeu a importância da comunidade e da generosidade. Sempre dizia: 'As histórias nossos alicerces. Elas criam quem somos.'

Ao ouvir as palavras de Laura, todos se deixaram levar para um passado distante. As lembranças de suas origens, as narrativas familiares que moldaram suas personalidades e valores pessoais começaram a emergir. Marcos se lembrou de sua própria avó, que sempre relutava em contar histórias da Segunda Guerra, mas quando o fazia, suas memórias eram um espelho de resiliência e força, uma construção que moldara sua própria identidade.

"Minha avó, como a de vocês, ensinou-me o poder de ser ouvido e de ouvir", acrescentou Marcos, o tom de sua voz firme e cheio de emoção. "Ela sempre dizia: 'O que você não conta, permanece enterrado. O que você conta, vira vida. Isso nos une.'"

A sala respirava histórias, e a atmosfera se aquecia com memórias compartilhadas. A conversa se transformou em um intercâmbio vibrante onde cada um contribuía com novas experiências que, por sua vez, contavam sobre suas vidas.

Alice, sentada em um canto, escutava atentamente. "É fascinante como nossas histórias pessoais se entrelaçam com a cultura que carregamos", observou. "Nossos traumas e conquistas sempre se misturam com o que ouvimos e aprendemos desde a infância. Isso é algo que todos devemos reconhecer para entender como lidamos com nossas próprias bolhas psíquicas."

Essa reflexão reverberou nas mentes de todos. Reconhecendo que suas identidades eram um produto não apenas de eventos isolados, mas de uma rica tapeçaria tecida por uma infinidade de histórias e vivências, eles começaram a perceber que cada narrativa tinha o potencial de erguer pontes ou, por vezes, de levantar muros.

Laura, encantada com o engajamento e a troca, lançou a ideia de um Workshop de Narrativas: "Por que não criamos um espaço onde possamos contar nossas histórias? Isso não só fortalece nossos vínculos, mas também promove um entendimento mais profundo entre nós." Nos rostos dos amigos, acendeu-se uma luz de empolgação. A ideia de transformar suas histórias em experiências coletivas os inspirava a imaginar um evento que poderia alterar a forma como se viam uns aos outros.

"Conectar experiências através da contação de histórias pode realmente criar um espaço de empatia", concordou Alice, já refletindo sobre as dinâmicas que poderiam ser incorporadas ao workshop. E assim, entre risadas e memórias, uma nova ideia começava a ganhar vida, reafirmando a relevância das histórias e seu papel fundamental na formação de identidades, na desconstrução de preconceitos e, acima de tudo, na promoção da empatia que tanto anseiam.

Laura sorriu ao perceber que o grandioso poder das histórias estava não apenas naquilo que tinham para contar, mas, mais importante ainda, no que cada um se permitiria ouvir. As narrativas naquelas paredes não eram apenas sinônimos de passado, mas sim chaves que poderiam abrir portas para futuros repletos de conexão e entendimento. E, naquela noite, o combustível da transformação estava prestes a prosperar em um espaço que floresceria em histórias, unindo corações e mentes.

O Efeito Transformador das Histórias

A sala estava iluminada de maneira acolhedora, um ambiente convidativo para a troca de histórias. Laura respirou fundo, sentindo a ansiedade misturada à empolgação enquanto se preparava para o Workshop de Narrativas, que se tornara a grande ideia dos amigos. A expectativa pairava no ar, como um perfume doce que se espalhava entre os participantes, ansiosos para compartilharem suas vivências.

"Estamos aqui para ouvir e ser ouvidos", começou Laura, com a voz firme e clara, enquanto olhava de um rosto a outro na sala. "Contar nossas histórias é muito mais que uma trocação de palavras; é uma oportunidade de construir conexões reais e práticas. É o momento de abrir o coração e a mente!"

O público respondeu com sorrisos encorajadores. Alice, com seu jeito sempre entusiástico, levantou-se e fez uma breve explicação sobre o exercício de contação de histórias que seria realizado. "A ideia é simples: cada um de nós terá a chance de contar uma história significativa da nossa vida em até cinco minutos. Isso não é um concurso para saber quem conta melhor, mas um espaço seguro para vivenciarmos a partilha".

Os participantes foram divididos em pequenos grupos, e a energia começou a esquentar com o tilintar de vozes se cruzando. Enquanto isso, Laura sentia seu próprio nervosismo começar a se dissipar — era o poder da vulnerabilidade em ação, uma prova de que compartilhar experiências poderia ser um bálsamo para a alma.

Quando as histórias começaram, o ambiente se encheu de emoções. Vanessa, uma participante mais quieta, foi a primeira a se levantar e, com um leve tremor na voz, começou a compartilhar sua experiência. "Ano passado, vivi um capítulo transformador da minha vida. Enfrentei uma depressão profunda; a solidão era meu único companheiro." À medida que ela relatava a dor e a luta, todos escutavam com notável atenção. "Foi através da arte que encontrei uma luz. Comecei a montar um diário de desenhos e palavras, e cada página preenchida se tornou um passo em direção à minha recuperação."

Suas palavras ecoaram nas mentes e corações de todos, criando um ambiente de empatia sincera. A vulnerabilidade de Vanessa inspirou outros a se abrirem, e como o efeito dominó, as histórias começaram a emergir.

Carlos, ao ouvir sua colega, tomou coragem. "Pela primeira vez, sinto que eu também posso compartilhar", ele disse, visivelmente emocionado. "Minha vida mudou drasticamente quando perdi meu melhor amigo em um acidente. No começo, meu mundo desabou. Mas, aos poucos, percebi que as histórias dele não deviam ser enterradas com ele." A intensidade de suas emoções envolveu todos na sala, e lágrimas escorriam de alguns rostos. "Decidi que contaria suas histórias, como se ele ainda estivesse aqui, me encorajando."

Enquanto histórias de superação e perda se entrelaçavam, um clima afetuoso invadia o espaço. Laura observava com regozijo, percebendo a transformação que ocorria naquele simples ato de compartilhar. Era como se cada narrativa quebrasse um fragmento das bolhas psíquicas de cada um, ampliando horizontes e aproximando corações.

O workshop atingiu seu auge quando todos começaram a envolver-se em conversas sobre o que as histórias significavam para eles. A conexão entre os participantes tornou-se palpável. As narrativas não eram mais meras reflexões do passado, mas sim diálogos abertos que irrompiam barreiras invisíveis. Cada palavra era um convite à empatia e ao entendimento.

Ao final do evento, Laura sugeriu que cada um levasse consigo uma história que gostaria de contar a alguém fora do círculo de novas amizades que construíram naquele dia. Essa prática, ela sabia, poderia perpetuar o efeito transformador da contação de histórias para além daquele espaço aconchegante.

Com um sorriso no rosto, Laura sentiu dentro de si que haviam dado um passo significativo rumo à compreensão e à aceitação. Poderia haver um potencial de cura nas histórias que nossos amigos estavam dispostos a compartilhar — um passo para desmantelar estereótipos e permitir que o diálogo prosperasse onde antes havia escuridão e solidão.

As vozes agora ecoavam numa sinfonia de experiências vividas, onde tanto o passado como o presente dançavam juntos criando novas memórias. O workshop não era somente um evento; era o despertar de uma rede de empatia e solidariedade que poderia se expandir para além daquele dia. Laura sabia que as sementes da vulnerabilidade plantadas um no coração do outro floresceriam, brotando esperança em relatos que seriam ouvidos e retumbariam pela vida afora.

Desafiando estereótipos através das experiências compartilhadas, Laura refletia sobre a profundidade das histórias que acabara de ouvir durante o workshop de narrativas. Sentada em um canto da sala, ela percebeu quão transformador havia sido aquele espaço. Cada participante havia trazido consigo um pedaço de sua história, revelando não apenas suas lutas, mas também suas vitórias e os aprendizados que moldaram suas vidas.

Enquanto escutava Carlos compartilhar sobre a dor da perda de seu amigo, Laura sentiu seu próprio preconceito se dissolver diante da força da vulnerabilidade que permeava aquelas palavras. "Eu nunca soube o que se passava com ele", pensou, "mas essa é precisamente a questão: quantas vezes formamos ideias a respeito dos outros sem realmente conhecê-los?". O relato dele abriu uma janela não só para uma vida marcada por desafios extremos, mas também para um desejo profundo de honrar as memórias e compartilhar lições.

A partilha de Vanessa sobre sua luta contra a depressão tocou um ponto particularmente sensível. "Impactante como muitas vezes rotulamos as pessoas sem saber pelo que estão passando", Laura ponderou. A própria experiência da amiga enfatizava a importância de receber apoio e o papel fundamental que a escuta ativa desempenha na construção de conexões verdadeiras. Nesse ambiente acolhedor, preencheu-se de empatia, derrubando muros invisíveis que antes tinham isolado cada um deles.

"Como podemos continuar essa conversa?", a pergunta ecoou no círculo. Laura os encorajou a refletirem sobre estereótipos que tinham herdado. Eles foram convidados a compartilhar como os preconceitos culturais e sociais impactavam suas vidas, mas também como poderiam usar a força de suas narrativas para desmantelar essa visão delimitada. O espaço quente e amigável que criaram fez com que as vozes de cada um se unissem em um coro de autoafirmação e educação mútua.

Marco levantou a mão, pronto para falar. "As histórias nos permitem questionar a imagem que portas à nossa frente nos forçam a ver. Eu deixei de lado algumas concepções sobre pessoas de diferentes etnias e status socioeconômico quando ouvi a história de um colega sobre como o lugar onde nasceu não define seu valor como ser humano." Um murmúrio de concordância acompanhou sua fala, e a sala tomou uma forma nova, cada um se.certificando de que as narrativas que ouviam poderiam incitar ações concretas.

No meio da conversa, um sentimento de obrigação coletiva começou a surgir. Vanessa propôs que continuassem se encontrando para compartilhar mais histórias, não apenas entre si, mas além. "Precisamos levar isso para fora e tocar pessoas que, assim como nós, precisam que suas histórias sejam ouvidas. Imagine quantas vidas poderíamos transformar com apenas um encontro." A ideia ganhou corpo e contagiou a todos ali presentes.

Fortalecidos pela garota da voz suave e confiante, começaram a estruturar entre outras formas de promover um verdadeiro entendimento. O relançamento de suas vozes em busca de mais participantes virou um projeto concreto. Cada um parecia estar ciente de que, ao contar a sua história e ouvir outra, contribuíam não só para um evento, mas para o alicerce de um legado comunitário. Assim, nascia a esperança de uma mudança significativa diante das barreiras do preconceito.

Ao cabo do encontro, Laura estava ciente de que as histórias não apenas contavam o que fizemos, mas também abririam o caminho para entender qual a direção que desejamos tomar. "As nossas narrativas estão entrelaçadas ao tecido da humanidade", concluiu ela. "Cada história merece ser compartilhada e, abordando cada estereótipo desafiador, podemos crescer juntos e construir um futuro mais coeso."

E ao sair, a luz do sol se desvanecia, mas a chama da esperança queimava forte naqueles corações unidos, prontos para deixar ecoar suas vozes na sociedade — uma comunidade que, através do poder das histórias, desafiaria os estereótipos e construiu laços mais profundos com pessoas que antes eram estranhas. Estavam preparados para continuar essa jornada, e, pela primeira vez, podiam ver não só as bolhas em que haviam estado, mas também a vastidão e a beleza da conexão humana.

O Legado das Histórias e a Construção de um Futuro Coletivo

À medida que o rescaldo do workshop de narrativas se estabilizava, Laura considerou o impacto transformador que aquelas histórias haviam promovido nas relações entre amigas e amigos. Dentro daquela sala, nasceu não apenas um espaço de escuta, mas também um novo propósito: continuar a compartilhar experiências.

"Se fomos capazes de nos abrir tanto hoje, imagina o que podemos fazer como comunidade", comentou Laura, olhando nos olhos de cada um que ali estava. A ideia de criar um legado através das histórias crescia dentro dela como uma chama vibrante, capaz de iluminar caminhos e corações.

A proposta de criar eventos contínuos começou a ressoar entre o grupo. "Podemos realizar nossos encontros uma vez por mês, convidando pessoas diferentes a virem compartilhar suas histórias", sugeriu Marcos, empolgado. "Se cada pessoa trouxer uma nova narrativa, teremos um banco imenso de experiências que iluminarão ainda mais o nosso entendimento do mundo."

Alice, energizada, completou: "E se espalhássemos a ideia para escolas e centros comunitários? Precisamos fazer isso além de nós." Tal sugestão fez os olhares dos amigos pulsarem com entusiasmo. A chance de transformar histórias em ferramentas para educação e empatia ecoava, prometendo mudanças significativas.

Durante as trocas de ideias, a empolgação crescia, e já era visível que aquele grupo se tornaria um ponto de partida crucial para algo mais amplo. Laura articulou a importância de fazer cada história contada ecoar, de modo que cada um entendesse que não estava apenas se revelando, mas contribuindo para algo maior do que suas experiências individuais. "Cada narrativa é um tijolo na ponte que estamos construindo. Criar espaços nos quais essas histórias possam ser contadas e ouvidas será vital para derrubar as barreiras que ainda nos separam".

Ao encerrar aquele encontro, cada um saiu com um compromisso renovado de levar as histórias adiante, de se tornarem embaixadores da vulnerabilidade e da conexão genuína. Laura pegou o ônibus de volta para casa, o coração pulsante de esperança. A ideia de que poderiam desvendar estereótipos enraizados e construir um futuro coletivo começava a tomar uma forma potente e inspiradora.

A decisão de realizar os "Encontros de Empatia" se concretizou mais rapidamente do que esperavam. Em um espaço local, que antes olhavam com indiferença, pela primeira vez sentiram que estariam criando um lugar repleto de acolhimento e troca. Quando o dia finalmente chegou, a expectativa estava alta, e a ansiedade misturada à alegria criava um delicioso frio na barriga.

"Vem cá, você se lembra do que nos trouxe até aqui?" Alice comentou a Laura, enquanto organizavam as cadeiras, com sorrisos nos rostos refletindo bem mais do que simples aventuras — eram os ecos de um diálogo que finalmente rompiam as barreiras da indiferença. O espaço se encheu de cor e vida, e as sutilidades do som da interação humana reiniciavam uma sinfonia a ser tocada entre estranhos e conhecidos.

O evento ficou marcado na memória de todos. Contaram histórias sobre suas origens, suas realidades e os desafios que enfrentaram para superá-los. Conectaram-se de maneira tão profunda que era como se um novo tecido social havia se formado ali. Nos olhos de cada envolvido brilhou um novo entendimento: o poder das experiências vividas pela coletividade costurava um fio invisível, mas vibrante, que os unia em humanidade.

Laura mal podia acreditar em como haviam avançado. Das bolhas psíquicas que quase os sufocavam, brotava uma nova realidade de compreensão. As histórias contadas tinham em sua essência a carga pesada de fragilidade e força, refletindo o que era ser humano. Graças às narrativas compartilhadas, cada vez mais participantes investigavam sua própria vulnerabilidade e se permitiam sentir.

"A empatia é um presente e uma prática", disse Laura, enquanto observava a sala se acomodar para ouvir a próxima história. "E se não dermos lugar a esse presente, podemos nos perder em nossas bolhas novamente." O olhar dos amigos falava sobre um entendimento profundo; aquele movimento tinha o potencial de ser um canto de esperançosa transformação.

E assim, as vozes se uniram em um coro generoso, capazes de afirmar com firmeza que, através das histórias, construíram sua ponte para o futuro coletivo. Uma realidade onde cada um é acolhido, onde as narrativas dançavam livremente, revelando não apenas as diferenças, mas celebrando cada similaridade que havia entre eles. O poder das histórias se revelava como um mecanismo de empoderamento e dissolução de barreiras, e eles estavam prontos para esse novo amanhecer.

Capítulo 9: Quebrando Inversões e Alinhavando Narrativas

Revisão das Diretrizes Culturais

Laura estava sentada em uma mesa longa, coberta por papéis e canetas coloridas, disposta a transformar as ideias da noite de empatia em um projeto tangível. Ela sentia uma energia vibrante no ar, como se as paredes da sala estivessem sussurrando as antigas histórias que se entrelaçavam com os anseios e frustrações dos que ocupavam aquele espaço. Era hora de revisar as diretrizes culturais que lhe pareciam tão arraigadas em suas comunidades. Isso exigiria coragem, mas sua mente fervilhava com promessas.

"Quantas vezes nós mesmos, sem perceber, alimentamos preconceitos e estereótipos?" questionou, enquanto desenhava um círculo no papel, como se estivesse traçando uma obra de arte que refletia a complexidade da sociedade. "Precisamos examinar as estruturas que regem nossas interações, as normas que ditam como nos vemos e nos tratamos."

Os rostos à sua volta mostravam uma mistura de compreensão e curiosidade. Marcos, conhecido por sua sagacidade, ergueu uma sobrancelha e perguntou: "Laura, você poderia nos dar exemplos práticos? Como essas diretrizes culturais perpetuam bolhas sociais nas quais estamos presos?"

Com um sorriso aberto, Laura começou a enumerar algumas situações comuns. "Lembra quando discutimos sobre a importância da empatia? Os estereótipos sociais nos dizem que precisamos trabalhar duro para conseguir uma posição na vida, muitas vezes desconsiderando as circunstâncias que cercam as pessoas de ambientes diferentes. O que nos faz acreditar que a luta de alguém é menos digna que a nossa? Isso precisa mudar."

Alice, que estava começando a contemplar esses pensamentos, completou: "As narrativas que absorvemos desde crianças também desempenham um papel essencial! Muitas vezes, os livros e filmes falam da superação individual, mas esquecem de mostrar a coletividade que sustenta a vitória. Precisamos desconstruir isso!"

Com os pontos discutidos, a conversa tornou-se uma colcha de retalhos, onde cada um com o seu fio tecia uma nova visão das diretrizes culturais. Ao fundir suas vozes, conjuravam verdades sobre aceitação e transformação pessoal.

"Assim como uma flor precisa de solo fértil para florescer, também as ideias precisam de um espaço saudável para crescer," disse Marcos. "Se formos incapazes de investigar essas normas que alimentam preconceitos, iremos perpetuar o ciclo de ignorância."

Laura assentiu, motivada pela conexão que os laços afetivos criavam entre eles. "Essa é a razão pela qual nosso encontro é essencial. Ao revisitar e recontar nossas histórias, podemos mudar a narrativa coletiva que nos torna prisioneiros de nossas próprias bolhas psíquicas".

A medida que os diálogos avançavam, Laura sugeriu que cada um trouxesse suas próprias experiências sobre como as normas culturais moldaram seus respectivos mundos. Essas reflexões poderiam se tornar uma ponte entre suas singularidades e a coletividade que tanto ambicionavam construir. Ao penetrarem em suas verdades, sua vulnerabilidade floresceria como uma flor exótica no deserto.

Assim, o impacto da conversa não era meramente intelectual, mas profundamente pessoal e emocional. Estavam a ponto de quebrar inversões que por muito tempo limitaram o entendimento entre os grupos sociais. A sala, uma vez habitual, agora pulsava como um espaço de alívio e libertação.

Laura percebeu que a tarefa de quebrar essas diretrizes culturais exigiria trabalho coletivo e comprometimento. "Vamos criar uma série de encontros, reflexões e, quem sabe, um projeto comunitário que abrigue as vozes diversas do nosso entorno," propôs, seu entusiasmo irradiando como uma estrela brilhante.

Era um convite para além de si mesmos — um chamado à ação, para que as histórias fossem compartilhadas e que o entendimento crescesse fora daquele círculo. E à medida que cada um considerava essa proposta, sem dúvidas, um novo capítulo estava prestes a ser escrito nas narrativas de todos ali presentes. Um legado que se comprometeria a desconstruir as danosas inversões que costumavam definir a roda da vida entre eles.

A Magia da Empatia e a Transformação das Histórias

Laura estava presente naquele espaço moldado por vozes; a sala pulsava, repleta de sentimentos recém-descobertos. As apropriações das narrativas pessoais, que ao longo do tempo se tornaram a essência de cada um ali, se entrelaçavam como uma tapeçaria vibrante de experiências e transformações. No próximo encontro, ficou claro que o objetivo não era apenas compartilhar histórias, mas promover uma imersão radical na empatia, um conceito fundamental para a desconstrução das barreiras sociais e a promoção de uma conexão genuína.

Com um sorriso no rosto, Laura deu início ao segundo

workshop. “Hoje, quero que nos lembremos que cada história nossa tem o potencial de ser uma luz para alguém na escuridão de sua jornada”, começou, sua voz iluminando o ambiente. “A empatia é uma ferramenta poderosa que, quando utilizada, transforma não só quem a entrega, mas também aqueles que a recebem. Que tal começarmos nas experiências que mais nos tocaram? Aqueles momentos que, por alguma razão, transformaram nossa percepção do outro?”

A linha de pensamento de Laura ecoou no ar e despertou um fervor em cada coração. Vanessa, primeiro a se levantar, falou sobre um episódio impactante em seu trabalho voluntário com adolescentes em situação de vulnerabilidade. “Um dos meninos, o Lucas, sempre apresentava resistência. Eu não entendia. Um dia, ao me abrir sobre minha própria história de vida, como o suporte que eu busquei na empatia foi crucial para mim, minha vulnerabilidade tocou-o de um jeito que nunca imaginei.”

O ambiente ficou elétrico. “Apenas ao me abrir, percebi que era essa a chave para quebrar sua barreira”, relatou ela. O que começou como uma janelinha de dor se transformou em uma porta escancarada para um diálogo rico em aprendizagem, onde ambos, em momentos distintos, se permitiram ser humanos em suas imperfeições.

Carlos, visivelmente tocado pelas palavras da amiga, aproveitou a deixa para compartilhar uma experiência de superação. “Existia uma certa prepotência em mim. Quando um colega do trabalho exauria a paciência de todos — ele sempre aparecia atrasado e maltratava as pessoas —, eu jurava que era apenas um cara insensível. Contudo, quando me abri e ouvi a história dele, sobre como fazia malabarismos para criar seus filhos sozinho, a perspectiva mudou drasticamente.”

O compartilhar das histórias era mais que um ritual. Era um afago, era acolhimento em sua essência mais pura. Aquela realidade, que há pouco tempo era apenas um farol distante do entendimento, conversões se tornaram a norma. Alice interveio: "Precisamos lembrar que a magia da empatia, quando se desdobra, transforma nossas narrativas e não só nos conecta, como nos educa a olhar além do que está à nossa vista."

As reflexões aqueciam o espaço, e cada nova história compartilhada desenhava uma rede invisível de solidariedade. Os pensamentos cresciam junto com a ideia que abraçavam: reconhecer a fragilidade do outro abria um campo fértil para compreendê-lo. Ali, nas palavras de cada um, percebiam que eram parte de uma força que aquecia e também desfiava preconceitos, personagens, e as etiquetas que tanto ferem o entendimento humano.

Laura viu lutas, vitórias, e um verdadeiro acorde entre o real e o sentido humano sendo construído através de cada narrativa. "O que nos separa frequentemente são as vozes assustadoras dos julgamentos, das expectativas que nos foram impostas. Agora, ao invés disso, reunimos as histórias como um fluxo, que sim, fertiliza nossas identidades."

O círculo se tornava um quadro da unidade e do entendimento. Cada nova conferida cultural abria um espaço para que empatia — como um elo de ligação — destituísse as armaduras que haviam construído entre si. Certa vez, ela iniciou um jogo: "Que história, talvez familiar, poderia ecoar nesta sala e desafiar nossos próprios estigmas? Quem está pronto para ouvir?"

Assim, o grande dia se tornava um eco de esperanças renovadas. As alucinações que os mantiveram divididos por tanto tempo se dissipavam e as conexões se tornaram mais que conversas, eram sementes. O projeto não se tratava apenas de contar e ouvir histórias, mas entendê-las em suas dimensões mais profundas; um convite a desbravar realidades que gentis disfarces haviam tentado encobrir.

A cada encontro, Laura sentia a força vital da mudança, e a promessa de que, por meio da empatia, a transformação era não só possível, mas palpável. A sala se enchia de luz, como se as histórias fizessem brilhar as verdades e ressonâncias que pulsam nas sombras do cotidiano.

A concentração no desenvolvimento dessa nova narrativa não apenas ofereceu novos rumos, mas plantou a certeza de que cada indivíduo ali era parte de algo maior. Entre risadas, lágrimas e aprendizados, estavam não apenas na jornada de redescobrir suas identidades, mas na de criar um futuro mais pleno e significativo para todos aqueles que os cercavam.

A conexão entre as pessoas pode não ser apenas uma bênção, mas uma ferramenta poderosa de transformação. No mundo contemporâneo, as bolhas sociais nos cercam como barreiras invisíveis que, muitas vezes, nos impedem de enxergar a complexidade do outro. No entanto, por meio de ações práticas e dedicadas, podemos expandir essas conexões e construir um futuro mais coeso, iluminado por histórias e vozes variadas.

Uma das práticas valiosas que emergem desses encontros é a promoção de diálogos significativos. Cada um de nós possui um universo de experiência, e quando nos permitimos expor nossas realidades, as máscaras que usamos no cotidiano começam a se despedaçar. Um local seguro, onde as emoções possam ser exploradas, transforma a partilha de histórias em um bálsamo para as feridas sociais. Esse espaço poderá ser uma mesa redonda, um roda de leitura ou até mesmo um café simbólico comunitário, onde cada voz é amplificada.

Convidar amigos para jornadas como essas é vital. Formar grupos com objetivos em comum não só traz suporte emocional, mas também a oportunidade de aprender uns com os outros. Ao dividir a responsabilidade de contar histórias, criamos uma narrativa coletiva que representa nossas lutas, nossas vitórias e, acima de tudo, nossas interseções. Cada relato pode incitar outro, cada história abraçar uma nova compreensão, quebrando as inversões que costumam ser tão arraigadas. É um ciclo mágico que se alimenta e que ajuda a dissolver preconceitos.

Ao participarem de workshops de narrativa, os envolvidos aprendem a criar elos através de práticas como escuta ativa e comunicação clara. O desafio é estabelecê-las não só durante esses encontros, mas incorporá-las em suas interações diárias. Fazer perguntas, compartilhar experiências e desenvolver uma escuta empática se torna o alicerce da comunicação. Essa prática pode ser realizada até nas reuniões de trabalho, onde o enfoque na narrativa individual promove um sentimento de valia e respeito entre colegas. A reciprocidade se torna um pilar essencial, onde cada um se sente ouvido e respeitado, criando um campo fértil para a colaboração e crescimento coletivo.

E por que não levar essa dinâmica a espaços educacionais? Escolas e universidades podem se beneficiar enormemente com essa abordagem. Um projeto que reúna estudantes de diferentes cursos para partilhar suas incríveis trajetórias ou mesmo suas experiências culturais e sociais transformará completamente o ambiente educacional. As barreiras entre alunos de diferentes realidades e disciplinas se suavizam, permitindo um aprendizado enriquecedor.

Por fim, é preciso sempre refletir: que histórias nos

cercam? E qual é a narrativa comunitária que mora em nós? Quando encontramos um 'nós' e não um 'eu', um novo mundo se revela. A mensagem é clara: juntos, na dança da vulnerabilidade e empatia, podemos quebrar as inversões que nos separam e traçar um caminho rumo a um futuro mais humano, onde cada história é contada e todos significam algo. A construção de um legado que reverbera nas próximas gerações não é uma tarefa simples, mas começa com um passo — a decisão de se conectar e a coragem de ouvir.

Diante da necessidade de revisitar e reconfigurar as diretrizes culturais que permeiam nossa sociedade, Laura foi embalada por uma ideia vibrante, repleta de expectativas. Sentada à mesa, cercada por amigos, ela fez uma pausa para observar a dinâmica entre cada um deles. A atmosfera estava carregada de reflexão; todos estavam prontos para debater como as normas enraizadas moldavam suas vidas e, consequentemente, suas percepções.

"Se pensarmos bem", começou Laura, "vivemos em um mundo saturado por normas sociais que, muitas vezes, nos silenciam. Nossas comunicações são filtradas pelas lentes do preconceito, e isso, sem dúvida, nos mantém dentro de bolhas psíquicas limitantes." Ao ouvir suas palavras, um murmurinho de concordância percorreu a sala como um eco reconfortante. Marcos, sempre mais incisivo, levantou a mão e indagou: "Qual é, então, o primeiro passo para desmantelarmos essas barreiras?"

Laura se inclinou sobre a mesa, animada. "Precisamos reconhecer que a mudança começa dentro de nós mesmos. É preciso desvendar o que essas diretrizes significam em nossas vidas cotidianas. Quando confrontamos o que nos ensinamos a acreditar, somos capazes de gerar uma transformação significativa." A sua afirmação flutuou no ar, como uma semente de esperança plantada em um solo propício à mudança.

Alice, com o olhar concentrado, começou a recordar suas vivências escolares: "Olhando para trás, vejo como minha escola sempre transmitiu a mensagem de que a competição era mais importante que a colaboração. Isso fez com que eu, e muitos dos meus colegas, nos sentíssemos isolados, como se precisássemos deixar de lado nossa humanidade para sermos reconhecidos."

Ouvir a voz dela fez com que outros amigos se manifestassem. Cada um trazia ao encontro memórias que pincelavam as formas das falhas que a sociedade perpetuava. A conversa começou a se desdobrar como um jogo de cartas, onde cada um mostrava sua própria história, revelando as bolhas invisíveis que muitas vezes não percebiam.

Então, Laura apresentou uma nova ideia. "E se criássemos uma iniciativa comunitária? Um projeto que nos permitisse revisitar essas normas culturais e apresentá-las a outros? Um espaço para escutarmos e compartilharmos nossos preconceitos e crenças, levando adiante a consciência social."

As reações variaram entre risos e aplausos nervosos. "Isso poderia realmente provocar mudanças!", disse Carlos, empolgado. "Imagine um festival de histórias onde cada um pudesse trazer a sua narrativa, desafiando diretamente o que acreditamos ser 'normal'."

Alice, já empolgada com a visão do festival, fez uma proposta ousada: "Podemos não apenas contar as histórias, mas também documentá-las, produzindo um livro que reunirá essas experiências e as apresentará à comunidade!"

Laura sorriu amplamente ao ouvir a ideia. Não era apenas

sobre contar, mas sobre perpetuar essa construção. Resolvera aquela noite gravar o que seriam as futuras diretrizes culturais, quando revelassem as vulnerabilidades de que tanto precisavam para conectar suas individualidades. “Esse projeto pode nos permitir uma autodescoberta poderosa. Ao desmantelar essas inversões, podemos formá-las novamente, mas de uma maneira que realmente represente quem somos.”

Enquanto os planos começaram a se cristalizar, o desejo fervente por mudança ecoava entre os amigos. Era o prenúncio de algo transformador, um início apaixonado de uma jornada que atravessaria os limites de suas bolhas até os corações de tantos outros. Isso não seria apenas uma declaração de intenções, mas um movimento consciente, um convite à empatia em cada esquina das ruas, tornando suas narrativas conhecidas e sentidas.

A cada nova ideia compartilhada, as amarras que costumavam limitar suas interações começavam a se dissolver. Laura sentiu que, naquele momento ímpar, estavam não apenas revisitando suas individualidades, mas também operando na construção de um futuro onde cada voz importava, onde as histórias não eram somente sobre passado, mas também sobre um horizonte compartilhado e, em breve, unidos por um propósito comum. Estavam prestes a quebrar as inversões que tanto os separavam e, assim, realmente alinhar suas narrativas.

Capítulo 10: Reconhecendo a Realidade das Bolhas Psíquicas

No silêncio da sala, uma leve brisa atravessava as janelas, trazendo consigo o aroma doce de flores que floriam no jardim do lado de fora. Laura estava de pé, observando seus amigos, todos predispostos a abrir suas mentes e corações para uma jornada de autodescoberta. O clima estava leve, mas havia uma tensão palpável no ar, como se algo grandioso estivesse prestes a acontecer.

"Hoje," começou ela, com um tom de voz suave, "quero que pensemos sobre as bolhas em que vivemos. Aqueles espaços invisíveis que nos cercam, nos impedindo de enxergar e entender a riqueza que cada indivíduo ao nosso redor pode oferecer." Laura se lembrou das conversas anteriores, das experiências discutidas e das dinâmicas que moldavam suas vidas. "Como podemos reconhecer quando estamos presos a essas bolhas?"

Alice, sempre pronta para uma reflexão mais profunda, levantou a mão. "Posso compartilhar algo que me ocorreu recentemente? Eu estava em um grupo de discussão onde falávamos sobre política. Era fascinante e, ao mesmo tempo, assustador como todos pensavam da mesma maneira. Ninguém desafiava as ideias, e eu me senti como se estivesse derrapando para fora da estrada, consciente de que havia muito mais a ser explorado."

"Essa é uma observação importante," afirmou Laura. "A verdade é que, muitas vezes, vivemos rodeados por vozes que ecoam nossos próprios pensamentos, enquanto aqueles que possam trazer diferentes perspectivas permanecem em silêncio. Precisamos nos perguntar: quantas vezes deixamos de lado opiniões diferentes apenas porque são desconfortáveis para nós?"

Os olhares na sala começaram a se fixar. Carlos, sempre atento às nuances sociais, acrescentou: "Sinto que essas bolhas se perpetuam através do medo do desconhecido. Medo do que não compreendemos, do que não conseguimos digerir facilmente. É mais fácil permanecer em certezas do que se permitir desbravar territórios novos."

"Exatamente!" exclamou Laura, animada. "O primeiro passo para desconstruir essas inversões é ter coragem para dar um passo atrás e analisar nossas próprias preconceitos. Vamos fazer um pequeno exercício? Quero que todos compartilhem uma experiência em que se sentiram desafiados ou até mesmo incomodados por uma opinião contrária."

O clima tornou-se vibrante assim que as vozes começaram a se cruzar. Historicamente, elas contavam suas histórias, cada um em uma mistura de vulnerabilidade e força. Vanessa lembrou de um momento em sua antiga escola, onde os debates emocionavam, mas, simultaneamente, silenciavam vozes dissidentes. "Muitas vezes, eu me senti empurrada para o canto se não concordasse com o grupo," revelou ela, sua expressão intensa. "Ao olhar para trás, percebo o quanto isso me isolou e não permitiu o crescimento de diferentes pensamentos."

À medida que cada um contava suas experiências, a sala pulsava de emoções contidas, feitas de risos, mas também de dores antigas. Laura sediava aquele círculo com o calor humano de quem sabe que, ao compartilhar, não se está apenas abrindo um eco; está, na verdade, lançando sementes de transformação. "O que precisamos fazer é criar um espaço seguro para essas experiências. Os encontros que temos aqui não são só nossas conversas; são nossos espelhos. Eles refletem não apenas o que somos, mas o que podemos nos tornar ao nos abrirmos ao diferente."

Durante aquele diálogo enriquecedor, um conceito emergiu como uma luz brilhante: a responsabilidade. Todos ali tinham um papel a desempenhar na desconstrução de suas bolhas, e mais ainda, na criação de uma cultura de escuta e acolhimento. Marcos, sempre provocador, afunilou o pensamento: "Como podemos levar isso para nossos círculos sociais? Como ativar conversas que desafiem não só pensamentos individuais, mas as normas como um todo?"

Laura pensava rapidamente, empolgada, enquanto seu coração batia forte. "Que tal se criássemos um espaço físico? Um café cultural onde as pessoas possam compartilhar suas histórias de vida e abrir o diálogo sobre temas que consideramos difíceis? Que tal trazer temas e opiniões que nos fazem questionar e levantar debates? Uma verdadeira plataforma para a coletividade se expressar!"

A ideia e o entusiasmo contagiaram a sala. Um novo propósito começou a surgir entre eles: educar-se através da experiência de um coletivo diverso, onde ninguém se sentiria desvalorizado por expressar uma opinião. "As histórias são uma chave poderosa," lembrou Laura. "Elas desbloqueiam a empatia; mostram que, no fundo, somos todos parte da mesma trama humana."

Assim, a conversa se desdobrava com emoção e intensidade. Aqueles momentos de partilha não eram apenas anedóticos; eles se tornavam parte de uma narrativa maior, a narrativa da descoberta, da conexão. Laura estava agora mais segura do que nunca de que cada um deles, ao tocar seus próprios medos e preconceitos, se aproximava de um futuro onde a bondade e a tolerância pudessem prevalecer sobre a superficialidade das interações diárias. A mágica da transformação estava em plena atividade, e começara bem ali, com a coragem de todos em desbravar as suas próprias bolhas.

A importância da empatia surgia como uma luz quente à medida que Laura conduzia aquele novo exercício de desconstrução. Após falarem sobre as bolhas psíquicas que separavam suas realidades, a obra que se montava diante deles era mais que uma mera sequência de ideias: era uma convocação a ir além do que conheciam. O poder da empatia despontava, e seus corações começaram a entrelaçar-se no espaço seguro que criaram juntos.

"Nosso desafio agora é entender como a empatia pode nos ajudar a romper as barreiras das bolhas sociais," Laura continuou, seu olhar radiante iluminando cada canto da sala. "Vamos explorar o impacto que a escuta ativa pode ter em nossos relacionamentos e na forma como compreendemos as histórias uns dos outros."

Alice, sempre espontânea, ergueu a mão: "Posso começar? Um tempo atrás, fiz um trabalho com um grupo diverso de refugiados. Cada um de nós compartilhou histórias de como chegamos aonde estamos. Nesse processo, percebi que o simples ato de ouvir significava mais do que falarmos sobre nossas vitórias; era sobre validar as lutas uns dos outros."

"Exatamente isso!" Laura exclamou, entusiasmada. "Esse é o cerne da empatia: ver o outro. Quando validamos as experiências alheias, dignificamos suas narrativas e criamos uma conexão genuína. Vamos praticar isso agora. Formem duplas e compartilhem histórias que tenham moldado suas visões de mundo, implicando o que aprenderam nessa jornada."

O ambiente ficou mais odeado e as conversas começaram a fluir como uma melodiosa sinfonia. Carlos e Marcos se sentaram próximos, e ali começou uma troca de experiências que provocou risos, reflexões profundas e, por momentos, lágrimas. Carlos contou sobre a dificuldade de aceitar sua identidade em um ambiente machista que frequentemente o desdenhava, enquanto Marcos falou sobre seu medo em meados do ano passado, quando insuficientes conexões de identidade fizeram-no questionar sua essência.

Laura, observando a transformação, não pôde deixar de sentir-se tocada. O que havia começado como um exercício de simples troca agora era um momento de autodescoberta coletiva. A sala, antes dominada por barreiras invisíveis, tornou-se um caldeirão de emoções cruas e criativas, revelando o extraordinário na vulnerabilidade.

O tempo passou sem que percebesse. Como um maestro, Laura conduziu a todos ao término do exercício. Enquanto as vozes silenciavam, ela perguntou: "O que vocês sentem após essas trocas? Que mudanças podem surgir em suas vidas e na forma como interagem com o mundo ao seu redor?"

"Eu sinto que me sinto fortalecido," disse Carlos, sua voz ressoando confiança. "Acredito que, ao ouvirmos os outros de verdade, podemos criar um ambiente acolhedor que perpetuará conexões humanas. Isso é essencial no meu centro de trabalho, onde a diversidade ainda é falha."

O consenso se espalhou por toda a sala, cada voz enriquecendo a conversa. "A empatia nos liberta das bolhas desiguais," comentou Vanessa. "É o primeiro passo para promover não só a aceitação de diferentes opiniões, mas também uma cultura de respeito e solidariedade. É nossa responsabilidade buscar essa mudança."

Laura percebeu que a mágica estava em funcionamento. "A partir de agora," propôs, "todo encontro nosso se tornará um espaço seguro de partilha. Convido todos a trazerem não apenas suas histórias, mas também ideias de como podemos integrar essa empatia em nossas comunidades. Vamos transformar cada um de nossos encontros em um testemunho que reverberará onde quer que vamos."

Ao final do encontro, Laura caminhou em direção à janela. O sol iluminava a sala, banhando-os com uma luz dourada de esperança. Este foi um início vibrante, e ela sabia que atendia ao apelo da mudança. Um novo ciclo começava, abordando a importância da coletividade na promoção da empatia. Laura contemplou o que viria a seguir, um desafio ao mesmo tempo pessoal e social, sabendo que juntos poderiam redefinir a forma como se viam — e como viam os outros.

As promessas fluíam como um forte rio em um dia ensolarado. O futuro parecia mais claro do que nunca, e a empatia era agora um pilar fundamental que conectava cada um deles em uma jornada rumo à transformação social, ao entendimento mútuo e à construção de pontes onde antes havia barreiras.

O próximo desafio estava claro: integrar essas lições em seus círculos sociais e comunitários, um passo de cada vez, grande ou pequeno. Laura estava certa de que estavam prontos para dar esses passos e, assim, seguiriam juntos rumo à construção de um legado verdadeiramente inclusivo. As vozes que se elevavam, banhadas pela empatia, eram um testemunho do que podiam alcançar — e de que, juntos, eram mais fortes.

As ideias foram tomando forma na sala iluminada, e Laura se sentia cada vez mais animada com a possibilidade de criar algo significativo. Os amigos estavam à vontade, discutindo sobre maneiras de promover um espaço que favorecesse o compartilhamento de experiências e a desconstrução de preconceitos.

"Vamos formular um projeto que não apenas receba, mas também valide cada história contada aqui," sugeriu Marcos, sua voz ressoando com esperança. "Um espaço onde as histórias das pessoas possam ser celebradas, onde o diferente é acolhido."

Alice, com os olhos brilhando, completou: "Podemos organizar um evento comunitário, por exemplo, um festival de narrativas! Um dia em que cada um possa compartilhar sua trajetória. Podemos convidar pessoas de diferentes culturas, origens e idades. Imagine a riqueza das vozes que podemos reunir!"

A animação crescia na sala. Laura visualizou o potencial do projeto: tendas coloridas, rodas de conversas, música, e culinária que refletisse a diversidade local. "E que tal incluir workshops sobre escuta ativa e diálogo empático, para que todos aprendam a receber essas histórias e compreendê-las melhor?" Laura propôs, fazendo anotações rápidos em seu caderno.

"A ideia é brilhante!", exclamou Vanessa, agora enérgica com os planos que estavam se concretizando perante os olhos de todos. "Assim, estamos não apenas contando histórias, mas formando um elo comum, criando um espaço seguro de valorização e respeito."

Ao avolumar as sugestões, Laura também notou a importância de ter aliados. "Precisamos envolver escolas e organizações locais. Afinal, a mudança começa com a educação e a conscientização. Vamos trabalhar juntos, juntar forças com aqueles que já promovem diálogos sobre empatia!"

O pensamento coletivo da grupo crescia numa espiral de criatividade. Cada ideia compartilhada era uma nova peça no quebra-cabeça que estavam formando. Ao imaginar o festival de narrativas, a sensação de que estavam criando algo verdadeiramente inovador e impactante tornou-se cristalina.

"E o que podemos fazer para garantir que as vozes mais silenciadas de nossa comunidade também sejam ouvidas?", questionou Carlos, seu olhar sério e reflexivo. "É vital que sejam partes integrantes dessa plataforma."

Laura assentiu, mergulhando na profundidade da ideia. "Devemos ser intencionais sobre isso. Podemos pedir que as pessoas compartilhem suas histórias antes do evento, possibilitando que aqueles que normalmente ficam à margem tenham uma chance de brilhar."

"Temos que pensar como isso impacta a vida das pessoas fora da nossa bolha," acrescentou Marcos. "A ideia de acolher e dar voz àqueles que geralmente são esquecidos, pode realmente fazer a diferença. Podemos até coletar histórias em um livro ou uma plataforma digital acessível a todos."

E assim nasceu um projeto vibrante, pulsando com a expectativa e o entusiasmo desmedido de um movimento que ia além de uma simples reunião. Era a promessa de um festival que celebraria não só a diversidade, mas também a conexão e a transformação de cada história contada. Laura sentiu uma onda de realização, uma materialização de doses de empatia que agora poderia alcançar muito mais além da sala em que se encontravam.

Com o passar das semanas, o planejamento começou a se moldar em ações concretas. Reuniões foram marcadas, parcerias foram formadas e a energia para a realização do festival se espalhou pela comunidade. Cartazes coloridos foram distribuídos, e a empolgação tomou conta dos rostos que viam não apenas um evento, mas uma mudança real.

O dia do festival chegou, e a atmosfera era mágica. Ruelas foram adornadas com guirlandas, músicas ecoavam pelas esquinas, e grupos de pessoas se reuniam para contar suas histórias. A multidão, composta por jovens, adultos e crianças, irradiava alegria e acolhimento.

Laura, vendo tudo isso se concretizar, não pôde deixar de sorrir. Cada rosto que passava era um lembrete do poder das conexões humanas. Ao ouvir as histórias sendo compartilhadas, sentiu a empatia fluir tão naturalmente, como se os laços invisíveis que os uniam estivessem ganhando vida.

"A beleza disso tudo é que juntos estamos desconstruindo as inversões sociais. Cada história compartilhada aqui tem o potencial de ser uma chave para a mudança," refletiu. E à medida que as narrativas tomavam forma, a certeza de que estavam construindo um legado de empatia, acolhimento e transformação se tornava inevitável.

Reconhecendo a Realidade das Bolhas Psíquicas

No coração pulsante daquela sala vibrante, Laura sabia que era um momento decisivo. A luz do sol entrava pelas janelas, refletindo nas expressões curiosas dos presentes, que aguardavam ansiosamente por conectar suas histórias e compreensões sobre as bolhas sociais que muitas vezes os aprisionavam. Com um sorriso acolhedor, ela começou: "Hoje, vamos explorar como essas bolhas se formam e o que podemos fazer para superá-las. O que temos em comum, e o que nos diferencia?"

Alice foi a primeira a tomar a palavra. "Lembro-me de um grupo com o qual participei, onde todos tínhamos ideias quase idênticas. Era confortante, mas fiquei frustrada por não ver novas perspectivas. Isso me fez questionar: quantas vezes nos cercamos apenas de quem confirma nossas crenças, em vez de nos desafiar a ampliar nossa visão?"

A sala ressoou com murmúrios de concordância. Marcos, então, entrou em cena com sua característica sagacidade. "Isso nos mantêm em um ciclo. Nós queremos ser confortados, é verdade, mas ao mesmo tempo, isso pode nos tornar cegos às realidades que estão além de nossa visão limitada. A maioria de nós prefere a estranheza conhecida a um novo vislumbre."

Uma onda de identificação percorreu o grupo. Laura aproveitou a deixa: "Portanto, como conseguimos reconhecer que estamos dentro de uma bolha? Precisamos aprender a olhar para fora de nós mesmos, a escutar mais e falar menos em algumas ocasiões." Com isso, instigou um diálogo profundo sobre a geração de empatia e respeito pelo diferente.

Diversas histórias começaram a emergir, como flores brotando na primavera. Vanessa se lembrou de um evento em sua escola, onde debates costumavam ser acalorados. "Eu não percebia que as vozes que estavam sendo alimentadas eram apenas as que se conformavam. Eu não me sentia à vontade para expor minha opinião, o que me deixou presa em um silêncio. Insisti em defender um ponto de vista – o meu ponto de vista."

"E qual é o caminho para sair disso?" Carlos indagou, sua

expressão refletindo a necessidade de mudança. "O que precisamos em primeiro lugar é coragem. Coragem para lidar com o desconforto que vem ao desconstruir esses preconceitos enraizados. Só assim conseguiremos realmente conectar nossas histórias," respondeu Laura, firme na sua convicção.

Assim, a roda de partilha girava, e a sala se tornava um espaço de acolhimento. Cada história contada se transformava em uma chave que poderia abrir novas portas sobre o entendimento das bolhas em que viviam. As consciências começavam a se expandir com a necessidade de explorar os terrenos desconhecidos que cercavam suas individualidades. E por fim, um consenso emergiu: a construção de um futuro onde a empatia se tornasse a pedra fundamental era uma missão coletiva.

Laura sabia que a conversação iria além do encerramento do encontro. O que começou como um simples diálogo estava se transformando em uma coalizão para a mudança. E assim, diante da promessa de um novo horizonte, começaram a nascer iniciativas que poderiam romper as amarras invisíveis que os mantinham presos.

A atmosfera se encheu de expectativa. Todos estavam sedentos por um novo entendimento — não apenas de si mesmos, mas do potencial imenso que tinha à sua volta. E nesse processo de reconhecimento, compreenderiam que suas histórias, uma vez unidas, formavam um poderoso testemunho de resistência e transformação, pronto para enfrentar a realidade das bolhas psíquicas que, até então, limitavam suas vidas.

Capítulo 11: Desafiando as Bolhas Sociais

Naquela manhã iluminada, com o sol filtrando sua luz suave através das folhas das árvores, Laura sentou-se em um dos confortáveis sofás do espaço de convivência da comunidade. Sentia uma energia vibrante no ar, mais um sinal de que estavam prontos para desbravar um território novo — uma jornada para além das bolhas que cercavam suas vidas. O grupo se reunia, novamente, e a atmosfera era carregada de expectativa.

"A origem das bolhas sociais," começou Laura, sua voz firme e calorosa, "é um tema que merece a nossa atenção. Cada um de nós carrega uma bagagem moldada por experiências pessoais, influências sociais e culturais. É curiosa a forma como esses fatores se entrelaçam, criando barreiras invisíveis que, muitas vezes, rejeitamos reconhecer."

Alice, sempre reflexiva, interveio: "Acho que é importante perceber o quanto a nossa necessidade de pertencimento nos leva a ceder a essas bolhas. Queremos estar juntos, nos sentir parte de algo maior, mas sem perceber podemos acabar abrindo mão da diversidade que poderia nos enriquecer."

Laura assentiu, sabendo que essa era uma verdade difícil, mas necessária. "Exatamente. E quando falamos de bolhas sociais, não falamos apenas de círculos de amizade. Referimo-nos também a ideologias, valores e saberes que perpetuam visões limitadas. Histórias mal contadas e preconceitos enraizados alimentam essa realidade, tornando mais difícil enxergar o outro de quem se difere. Olhemos para a história: quantas vezes a humanidade fechou a porta ao novo simplesmente por medo ou falta de entendimento?"

Um silêncio contemplativo tomou conta do grupo, enquanto deixavam que essas palavras ecoassem em suas mentes.

Ouvindo isso, Carlos compartilhou uma experiência antiga, quando via os noticiários e se sentia claramente 'parte de uma bolha'. "Lembro-me de um período em que as narrativas tacticamente manipulavam as informações que consumíamos. Durante as eleições, algumas opiniões contrárias não eram apenas ignoradas, mas ativamente silenciadas. E assim, minha percepção de mundo começava antes mesmo de refletir sobre o que realmente estava acontecendo."

"Um retrato inquietante, sem dúvida," disse Laura, com compaixão em sua voz. "E é importante ressaltar que, embora a mídia e as redes sociais exercem um papel enorme nesse cenário, a responsabilidade é também nossa. Como filtrar e interpretar as mensagens com um olhar crítico? Como decidir quais vozes ouvir em meio a tantas que estão dispostas a ecoar nossas próprias crenças?"

Vanessa, sentindo a determinação crescer dentro de si, sugeriu: "Que tal se abordássemos esse tema por meio de debates? Criar um espaço seguro onde possamos compartilhar experiências, ouvir histórias e desafiar nossas próprias visões, em um clima de respeito?"

Laura sorriu, admirada pela proatividade. "Essa é uma ideia brilhante! Podemos realizar encontros regulares, onde a proposta é realmente desbravar novos horizontes, escutando e compreendendo diferentes perspectivas. Será um exercício de prática ativa e troca de saberes."

Assim, aos poucos, a equipe começou a organizar ideias sobre a criação desses encontros, prontos para abrir discussão sobre realidades que, por muito tempo, permaneciam ignoradas. A esperança ressoava no ar, impulsionando cada um a refletir seriamente sobre como poderiam ser desafiados fora de suas próprias bolhas.

E, naquele instante, Laura sentiu que estavam não só formando um espaço de escuta, mas desenhando um verdadeiro laboratório social para a transformação. "Lembrem-se: a desconstrução das bolhas não é um ideal distante. É um objetivo viável, que pode gerar impactos profundos em nossas vidas e na comunidade ao nosso redor portanto, as histórias que compartilhamos aqui hoje, serão os passos fundamentais dessa jornada."

Assim, sob o brilho do sol da manhã e a conexão de mentes abertas, Laura e seus amigos se preparavam para enfrentar a realidade que os cercava, um desafio ardente, mas não impossível de ser superado. Eles estavam prontos para romper as barreiras, os limites e as definições que as bolhas sociais lhes impuseram, pois eram mais do que uma coleção de vozes; eram uma lufada de ar fresco para um mundo que ainda podia se redescobrir.

Laura sentiu um misto de entusiasmo e responsabilidade enquanto observava seus amigos concentrados, prontos para desbravar as verdades que as bolhas sociais acarretavam. A sala, repleta de vozes ecoantes de esperanças e desafios, serviria como palco para um aprendizado profundo. Era o momento de explorar as consequências dessas bolhas e a forma como moldavam seus comportamentos sociais.

"Vamos falar sobre o impacto que essas bolhas têm na nossa vida cotidiano," começou Laura, sua voz firme como um alicerce que suportava uma casa. "Quando nos fechamos em espaços que só refletem nossas convicções, perdemos a capacidade de ver a humanidade em cada pessoa que nos rodeia. Esse efeito não é apenas individual, mas se expande para toda a sociedade."

Alice, sempre pronta a aprofundar as discussões, tomou a palavra. "Eu nunca havia parado para pensar sobre isso. Fiquei mapeando situações em que me vi rodeada de pessoas que partilhavam das mesmas crenças que eu. Olhando em retrospecto, percebo que em algumas dessas ocasiões deixei de ver a beleza e a sabedoria nas opiniões diferentes. Era como se estivéssemos em uma bolha, nos protegendo do que era desafiador."

"A beleza da diversidade, Alice," interveio Marcos, os olhos brilhando de entendimento. "A verdade é que o conforto das nossas bolhas pode ser enganador. Quando vemos apenas ecos de nossos próprios pensamentos, começamos a desumanizar aqueles que não compartilham do mesmo ponto de vista. E isso pode levar a uma série de consequências muito negativas — intolerância, desconfiança e divisões sociais."

Laura assentiu, encorajando-o a continuar. "Essas divisões se tornam um veneno. Elas minam a empatia, tornando nossas interações superficiais e afastadas da essência do ser humano. Olhemos para nosso cotidiano. Você já percebeu como certas conversas se tornam impossíveis apenas porque alguém expressa uma opinião diferente? Muitas vezes, isso resulta em barreiras invisíveis, criando uma sociedade fragmentada."

Carlos, sempre perceptivo, levantou a mão. "Acho que agora entendo melhor como as bolhas sociais podem perpetuar preconceitos e desigualdades. Quando mantemos particularidades que nos cercam, sentimos orgulho em manter essas distâncias, mas, na verdade, estamos fazendo isso às custas de entender o outro."

Laura sorriu, satisfeita com a profundidade da reflexão.

"Precisamos reconhecer que cada um de nós tem uma história única. Desconhecemos as lutas, os desafios e as alegrias que compõem as narrativas das pessoas ao nosso redor. Uma vez que descemos desse pedestal de julgamento e abrimos os ouvidos para a escuta ativa, a empatia floresce. Podemos começar a entender e a acolher as diferentes realidades humanas."

Assim, o grupo se envolveu em um diálogo mais intenso, repleto de relatos pessoais que revelavam os impactos das bolhas em suas vidas. Vanessa compartilhou sua experiência de trabalho, onde se viu confrontada por um colega com uma opinião divergente. "Senti-me desafiada, mas também me senti acolhida. Precisava ouvir aquele outro lado, mas a minha primeira reação foi de defesa. Depois de refletir, percebi que ele estava simplesmente me mostrando uma faceta que eu não havia considerado."

O diálogo continuou a fluir, repleto de histórias que demonstravam como cada um havia saído, ou ainda lutava para sair, das suas próprias bolhas. O pequeno círculo que havia se formado ali funcionava como um microcosmo da sociedade, refletindo as perguntas mais profundas sobre como construir um espaço seguro e respeitoso entre as diferenças.

"Ao avançarmos," ressaltou Laura, "não podemos olhar para essas interações apenas como momentos passageiras. O que estamos criando aqui pode se tornar uma ferramenta poderosa para o futuro, onde as bolhas sociais são desafiadas ativamente. Que tal se cada um de nós se comprometesse a conectar-se com, pelo menos, uma pessoa fora da sua bolha nos próximos dias? "

Um murmúrio de concordância passou pela sala. Eles estavam prontos para desafiar suas próprias realidades como um reflexo do que viam acontecendo fora daquela reunião. Estavam prontos para cultivar um espaço de compreensão além das suas limitações, abrindo a porta não apenas para novos diálogos, mas, principalmente, para novas experiências que poderiam moldar suas identidades pessoais de forma enriquecedora.

Laura contemplou a visão diante de seus olhos, agora uma coletânea vibrante de vozes e experiências interdependentes. Naquele momento, todos ali tinham um papel fundamental em propagar a transformadora energia do respeito e da empatia, um mito desfeito, uma bolha rompida, uma nova realidade em construção. O compromisso de ouvir e estar aberto ao diferente reverberava, criando uma ponte que todos ansiosamente desejavam atravessar.

A consciência de cada um, agora exposta, tornava-se uma armadura poderosa contra a superficialidade das interações. E assim, firmados dentro de um espaço respeitante e acolhedor, não apenas se desafiavam, mas se uniam para uma transformação coletiva que poderia muito bem reverberar por toda a comunidade, dissolvendo preconceitos e construindo relações saudáveis no processo.

O relato do dia era apenas o início de uma jornada de muitos. Cada um começava a olhar para seus círculos sociais com uma nova perspectiva, onde a escuta ativa e a compreensão seriam pilares fundamentais à medida que se dispusessem a desafiar suas próprias bolhas sociais. Uma nova era estava prestes a nascer, e ali, juntos, estavam prontos para dar o primeiro passo.

O clima estava cheio de expectativa na sala. Laura observou seus amigos, agora mais do que prontos para interagir e desconstruir suas próprias bolhas. Após uma troca de reflexões sobre como as bolhas se formam, ela dirigiu a conversa para as estratégias necessárias para promover a desconstrução delas.

"Vamos iniciar com a promoção da escuta ativa," Laura propôs, seu olhar percorrendo o grupo. "Não se trata apenas de ouvir palavras, mas de mergulhar verdadeiramente nas histórias das pessoas, buscando compreender suas experiências e emoções. Isso pode ser um primeiro passo crucial para desafiar nossas percepções."

Carlos, sempre atento às nuances da conversa, assentiu. "Precisamos estar abertos a ouvir quem está ao nosso redor. A escuta ativa exige prática e disposição, e às vezes nos força a confrontar algumas verdades que preferiríamos ignorar. Qual é o exercício que podemos fazer para nos preparar para isso?"

"Podemos realizar um exercício prático aqui mesmo," Laura sugeriu, trazendo uma energia contagiante à sala. "Em duplas, um de vocês com sua experiência, e o outro, ouvindo. O ouvinte deve fazer perguntas abertas, buscando entender a narrativa por trás do que está sendo compartilhado. Após cinco minutos, as funções se invertem."

O grupo começou a se dividir em duplas e logo os murmúrios suaves das conversas se espalharam. Laura observou o espaço se transformar em um microcosmos de conexão verdadeira. Ao final do exercício, os pares se reuniram novamente, prontos para compartilhar suas experiências.

"Eu não imaginava que ouvir poderia me fazer sentir tão conectado," disse Marcos, o entusiasmo em sua voz evidente. "Ao ouvir a história de Vanessa, eu compreendi o quanto nossos caminhos são diferentes, mas nossas lutas, de certa forma, são muito semelhantes. Isso despertou em mim um senso profundo de empatia."

Vanessa, com um sorriso, acrescentou: "É mágico

perceber como a partilha gera empatia! Cada história é um fio que tece um manto de entendimento e, quanto mais ouvimos, mais percebemos que todos enfrentamos nossas próprias batalhas."

Laura, emocionada com as conexões se formando ao seu redor, levou a conversa a um novo patamar. "Agora que experimentamos o poder da escuta ativa, que tal buscarmos criar espaços de diálogo que desafiem não só nossas percepções individuais, mas também a cultura do silêncio e da conformidade? Um ciclo de debates respeitosos e abertos pode ser o próximo passo."

Alice, animada com a ideia, sugeriu: "Podemos criar um evento mensal, onde vamos além do simples ato de ouvir. Cada um trará um tema que considera importante, e poderemos debater, trazendo visões diversificadas. Será um terreno fértil para quebrar bolhas!"

O grupo se animou com a ideia e começou a discutir os temas que poderiam ser abordados. As sugestões surgiam como fogos de artifício, cada uma mais vibrante que a outra. O desejo de unir suas vozes numa coletividade crescente era palpável. Laura sentiu que tinham encontrado um propósito comum.

"Vocês estão prontos para se comprometer?" perguntou Laura, seu olhar cheio de esperança. "Podemos transformar nossas interações diárias e criar um impacto real não apenas nas nossas vidas, mas também em nossas comunidades."

A sala pulsava com entusiasmo. "Estamos prontos!" ecoou um coro uníssono. O impulso de transformação havia começado, e eles sabiam que, a partir das escuta ativa e da promoção do diálogo respeitoso, poderiam criar um legado de empatia e abertura necessária para desafiar as bolhas sociais que os cercavam.

Laura observou a união daquelas vozes, um momento profundamente gratificante. O caminho diante deles poderia não ser fácil, mas a certeza de que estavam se equipando para realizar mudanças significativas ressoava em cada palavra, em cada gesto de determinação.

"Lembrem-se sempre: cada passo que damos juntos nos leva mais para longe das bolhas que nos separam. Vamos, juntos, construir novas conexões baseadas em respeito e escuta. O futuro que desejamos está apenas a um diálogo de distância," Laura finalizou, um sorriso iluminando seu rosto.

Com essa certeza, os encontros dos amigos se tornaram um farol para sua comunidade — um convite ao entendimento mútuo, às trocas de experiências que reverberariam por aqueles que se atrevessem a quebrar as barreiras que os prendiam. A jornada de transformação social havia começado, e todos estavam prontos para se tornar os agentes de mudança que o mundo tanto precisava.

Construir um futuro sem bolhas sociais é um ideal que começa dentro de cada um de nós. A jornada que percorremos juntos aqui, ao longo dos capítulos, nos trouxe a esse momento de reflexão profunda e inspiração para agir.

Imagine um mundo onde a empatia impera, onde cada voz é ouvida e respeitada. É nesse futuro que Laura e seus amigos estavam focados ao final daquele dia iluminado. Eles sonharam com um espaço onde as diferenças se tornam uma força e não um obstáculo, onde as diversas nuances de suas histórias se entrelaçam, criando um retrato vibrante da sociedade.

"Vamos criar uma ponte entre as experiências humanas,"

Laura propôs com um brilho nos olhos. "Um futuro onde as bolhas sociais sejam desafiadas não apenas em conversas entre amigos, mas em cada esquina da comunidade. Podemos ser os catalisadores dessa mudança."

Marcos, conectando-se profundamente com o ideal, afirmou: "Precisamos começar com pequenas ações, mas que ressoem em grande escala. O primeiro passo é transformar nossos encontros em ambientes inclusivos, onde as histórias de vida de todos possam ser celebradas."

A sala ecoou com murmúrios de apoio e entusiasmo. Era evidente que o desejo de mudança ardia em seus corações. Alice acrescentou: "Cada um de nós leva essa missão dentro de si. Se conseguirmos trazer outras pessoas para nossas vozes, onde o respeito e a empatia forem pilares, vamos alcançar nosso objetivo!"

E assim, começando com uma pergunta a cada um, Laura instigou uma reflexão sobre o impacto que poderiam ter nos próximos dias: "Como podemos trazer essa transformação para nossas rotinas diárias? Que ações simples podem gerar um efeito cascata de inclusão?"

Carlos repleto de entusiasmo, respondeu: "Que tal falar com nossos vizinhos, ouvir sobre suas histórias? Podemos organizar pequenos encontros em casa, onde todos compartilham suas experiências. É uma forma de espalhar a ideia e criar laços."

Laura sorriu, compreendendo que ali nascia uma missão. "Isso é perfeito! E, ao falarmos com nossos vizinhos, traremos também aqueles que, talvez, estejam em suas próprias bolhas sociais. Isso não só cria conexões, mas também ajuda a desfazer preconceitos."

A conversa evoluiu para o planejamento prático de um evento comunitário, um verdadeiro festival de histórias, onde cada cidadão seria convidado a contar um pedaço de sua vida. Seriam histórias de desafios, conquistas, alegrias e tristezas, cada uma validada e respeitada. O espaço seria um não-julgamento, um ambiente para a expressão plena.

"Vamos garantir que todos se sintam acolhidos," destacou Vanessa. "Podemos eliminar barreiras ao criar espaços de escuta ativa e reflexão, onde o foco será escutar em vez de responder. E se um evento assim puder transformar uma vida, imaginem quantas vidas poderão ser tocadas!"

Cada voz foi se unindo a essa visão coletiva, onde a esperança se tornava a árvore que enraizava cumplicidade, acolhimento e compreensão. O compromisso tomado naquele caloroso dia era claro: cada um deveria ser um agente de mudança, um portador de empatia que quebraria as barreiras invisíveis em seus círculos sociais.

Quando a tarde chegou ao fim, Laura sentiu um calor profundo em seu coração. Disso tudo brotaria um futuro sem bolhas, onde as vozes unidas enfrentariam e desfariam as barreiras que, por muito tempo, haviam limitado suas perspectivas e suas ligaduras. Eles sabiam que a verdadeira mudança começa dentro de si e que, ao se unirem, poderiam causar uma revolução silenciosa, mas poderosa, de aceitação e conexão.

Ali, se comprometeram a promover a escuta ativa, a inclusão e o respeito. A partir daquele dia, cada um se tornaria um espelho de possibilidades, refletindo as verdades que podiam transformar a própria comunidade. A fragilidade das bolhas sociais seria desafiada por experiências ricas e variadas, celebradas com entusiasmo e gratidão.

Naquele momento, estavam mais do que prontos; estavam determinados a desenhar um futuro onde, finalmente, as bolhas sociais seriam apenas memórias de um passado que agora já não os prenderia. A união de suas vozes, histórias e experiências guiaria a nova era de empatia e respeito. O amor ao próximo e a aceitação da diversidade tornariam-se pilares na construção desse novo espaço social, que todos esperavam ver florescer.

Essa jornada que se inicia é apenas o começo; um passo em direção a um futuro onde cada um é valorado e cada história é contada. No eco de suas promessas, ressoava a certeza de que um mundo sem bolhas sociais não era apenas viável, mas profundamente desejável. O tempo de agir era agora, e juntos, estavam prontos para transformar seu sonho em realidade.

Capítulo 12: A Esperança de uma Nova Realidade

A sala estava impregnada de uma energia palpável, como se cada canto guardasse as aspirações daquele grupo. O que antes fora um espaço de reflexão, agora pulsava com a ideia de um futuro livre das limitações impostas pelas bolhas sociais. Com essa expectativa ardente, Laura deu início ao bloco de reflexão profunda do capítulo.

"Vamos iniciar com uma pergunta," Laura disse, olhando para cada um dos amigos. "De que maneira as bolhas sociais impactaram nossas vidas diárias, afetando trovados nossos relacionamentos e percepções sobre o mundo ao nosso redor?"

Marcos foi o primeiro a se pronunciar. "Lembro de uma vez em que, por estar tão envolvido apenas com meus amigos mais próximos, acabei ignorando um grupo diferente que poderia ter me ensinado muito. A energia e as ideias semelhantes acabam criando uma zona de conforto, e a partir daí fica difícil sair." A sinceridade de sua confissão fez os outros se identificarem.

"É isso mesmo," complementou Carlos, aquecendo a discussão. "Essas bolhas não apenas moldam nossas amizades, mas também definem como percebemos o que está ao nosso redor. Em várias ocasiões, deixei de lado pontos de vista enriquecedores só porque estavam fora da minha 'zona de conforto'. É frustrante reconhecer isso."

Alice olhou para os amigos, também refletindo sobre a questão. "Pensando nisso, me pergunto: como conseguiríamos inverter essa realidade? É como se vivêssemos em um mundo de visões limitadas, sem perceber que há uma rica tapeçaria de experiências esperando para ser explorada." Sua preocupação era evidente, mas também havia um ânimo em sua voz.

Laura, aproveitando o momento, trazia um novo fôlego à conversa. "E se todos nós formássemos o compromisso de romper essas barreiras? Poderíamos criar diálogos com pessoas de diferentes origens. A ideia é não só ouvir, mas acolher e aprender com o que elas têm a nos oferecer."

"Imaginem o que poderíamos descobrir," interviu Marcos, o entusiasmo dominando sua expressão. "Se tivermos a ousadia de conhecer e ouvir quem é diferente e permitir que suas histórias e experiências entrem em nossas vidas!"

Foi quando Vanessa se aproximou, cheia de ideias. "Podemos planejar um evento comunitário também! Um dia de partilhas. Cada um traz sua história, seus saberes. Que tal começarmos a promover isso nas redes sociais? Um festival em que histórias e experiências sejam o centro, assim tornando o ambiente mais inclusivo!"

A ideia de Vanessa acendeu um brilho nos olhos de todos, e a empolgação tomou conta da sala. As opiniões variavam, as possibilidades pareciam infinitas. O diálogo fluiu suave e contagiante.

"No entanto," refletiu Laura, seu olhar sério, "é preciso que estejamos prontos para escutar e a nos abrir para as diferenças. Precisamos trabalhar a vulnerabilidade. É essencial lembrar que, do outro lado da bolha, existem realidades e dores que muitas vezes nos escapa."

"Eu gostaria de trazer essa questão à tona mais uma vez," pontuou Carlos. "A empatia é a chave, mas envolvê-la na prática é o que nos permitirá transformá-la em ação. Devemos ter a mente preparada para ouvir atentamente aos relatos dos outros, compreendendo suas lutas e superações."

Conforme a conversa se desenrolava, uma certeza se fortalecia: a classificação das experiências de vida, que antes poderia ter criado divisões, era agora um elemento motivador para se conhecer mais e mais através do outro. Um ciclo se formava, e a expectativa pairava no ar, como se fossem todos protagonistas de uma nova narrativa.

Diante da mística da conexão, Laura formulou um chamado: "A presença de cada um aqui é valiosa, e imaginem se esse chamado ecoar por nossa comunidade? Seria um primeiro passo não apenas para romper as barreiras de nossas bolhas, mas também para construir um futuro que celebra a diversidade!"

Em meio à conversa produtiva, todos ali se comprometeram a cultivar um sopro de esperança, experimentando e compartilhando as vivências do novo caminho que se abria diante deles. A conexão entre as histórias, a transição das experiências para o aprendizado coletivo prometia não apenas um futuro sem bolhas, mas a possibilidade de transformação real.

Assim, o grupo se sentiu fortalecido, pois enquanto partilhavam suas experiências, percebiam que, em conjunto, formavam uma rede de apoio que ultrapassava as barreiras já existentes, abraçando a diversidade como uma riqueza a ser celebrada.

Ali, naquele espaço iluminado pelas esperanças renovadas, a reflexão sobre o impacto das bolhas sociais era mais que uma conversa: era um manifesto em construção para um futuro possível, onde a empatia, a escuta e a curiosidade se tornariam os alicerces de uma nova realidade.

O clima na sala estava marcado por um fervor emocionante, à medida que cada um compartilhava suas reflexões sobre as bolhas sociais e suas consequências, assim como as ações que poderiam ser empreendidas para superá-las. A energia vibrante era uma centelha que iluminava a cada ideia, a cada proposta nascida daquele grupo de amigos.

Laura, sentindo-se inspirada e unida ao grupo, levantou a mão com um brilho no olhar. "Vamos aprofundar a discussão em torno do caminho para a conscientização coletiva," começou, sua voz firme. "Precisamos entender como podemos coletivamente desafiar essas barreiras invisíveis que nos mantêm longe uns dos outros. Quais são as práticas que podemos adotar em nosso dia a dia?"

Marcos, sempre prático em suas observações, sugeriu algo simples, mas poderoso: "Que tal estabelecermos uma rotina de encontros onde podemos discutir sobre temas variados? Um espaço onde todos possam trazer uma questão que gostaria de debater, abrindo a possibilidade para que diferentes vozes sejam ouvidas."

Carlos, animado com a ideia, acrescentou: "E para tornar isso mais dinâmico, podemos incluir representações teatrais para explorar as diferentes perspectivas que surgem nas discussões! Teatro é uma forma incrível de criar empatia através da vivência do outro."

Ouvindo as opiniões fervilharem, Laura sorriu. "Vocês estão certos! Incorporar a expressão artística pode realmente trazer uma nova dimensão às nossas interações. O teatro nos ensina a nos colocar no lugar do outro, mimetizando suas dores e alegrias.

Quanto mais dermos vida a essas experiências, mais próximo da compreensão real estaremos."

Vanessa sugeriu então uma atividade que agregava as ideias: "Que tal também incorporarmos vídeos e documentários que explorem as vivências de outros grupos sociais? Podemos assisti-los juntos e, em seguida, debater quais ideias e sentimentos surgem dessa exposição a novas realidades."

Conforme os planos tomavam forma, a determinação em seus rostos se tornava palpável. Laura conduziu a conversa para o próximo passo: "Precisamos cultivar essas práticas não apenas como um ato, mas como um esforço contínuo. Cada questione que colocamos em circulação irá reverberar, criando um efeito em cadeia para além de nós mesmos. Ampliar nosso círculo de escuta é um dever e um prazer."

Todos ali concordaram em firmar esse compromisso com a prática. Se o objetivo era romper as barreiras que os isolavam, a chave estava na prática deliberada da escuta, do entendimento e da empatia. Laura então entrou em uma nova linha de pensamento, buscando inspirar a conexão entre suas vidas e suas ações.

"Certa vez ouvi de um mentor que 'as histórias são sempre mais poderosas quando compartilhadas'. Essa é a essência de como podemos realmente ajudar a construir um futuro mais inclusivo. Precisamos começar a tecer nossas narrativas, ilustrando os aprendizados que a superação de nossos próprios limites nos trouxe."

Carlos, agora animado, concluiu: "Podemos criar um mural das histórias! Um espaço onde cada um traga e compartilhe a sua. Isso nunca deve se tornar uma competição, mas sim um lugar seguro e acolhedor, onde cada um pode ensinar e aprender com a diversidade que apresentamos."

O grupo, vendo o potencial da jornada diante deles, se comprometeu a redefinir suas interações e a se tornar protagonistas de suas próprias histórias. Eles perceberam que a verdadeira mudança não exige apenas ação, mas um coração aberto para a escuta e a reconexão com o que realmente importa: a humanidade na essência de cada um.

Com um renovado senso de propósito, todos se dispuseram a compartilhar suas experiências e as soluções que emergiam concomitantemente. A sabedoria parecia emanar até das paredes que os cercavam, ligando cada coração presente naquele espaço, reafirmado um alicerce de apoio mútuo que cultivaria uma cultura de abertura e inclusão.

À medida que o sol se punha lá fora, algo especial havia tomado forma dentro da sala. Era um compromisso renovado com a transformação e a esperança de uma nova realidade. Ali, naquele momento decisivo, Laura e seus amigos se tornaram faróis de uma mudança que transcendia limites imaginados, determinada a criar um futuro onde as bolhas sociais não teriam mais lugar.

E assim, alimentados por ideias novas e a vontade de sair das suas zonas de conforto, eles estavam prontos para a jornada. Com emoções despertas, risadas e reflexões, estavam prontos para seguir em frente, não apenas como um grupo, mas como uma bandeira de esperança para aqueles que ainda não haviam encontrado o caminho para fora de suas próprias bolhas.

A Construção de Pontes entre Comunidades

A atmosfera estava carregada de uma expectativa vibrante, como um preâmbulo de transformação iminente. Laura reuniu seus amigos mais uma vez, agora firmando a discussão na essência colaborativa que pretendiam cultivar nas próximas ações. "Precisamos entender a força que reside na união de diferentes grupos sociais," introduziu, sua entonação carregada de entusiasmo. "A verdadeira transformação começa quando nos unimos, compartilhando nossas histórias e criações para cultivar um espaço mais democrático e inclusivo."

Marcos já se mostrava inquieto com a nova direção da conversa. "Eu frequentemente observo como a falta de entendimento entre grupos sociais é como um muro invisível. Dificuldades de diálogo originam conflitos que, se descuidados, se tornam feridas na sociedade," disse ele, pensativo. "Devemos lembrar que o diálogo é sempre o pano de fundo para qualquer mudança. Devemos introduzir formas criativas e atrativas para facilitar essa troca de vozes."

Todos foram contagiados pelo entusiasmo da conversa, se conectando profundamente com a ideia de criar uma teia viva de interações sociais que superassem suas diferenças. "Podemos partir para propostas de colaboração em projetos comunitários! Imagine festivais de arte, palestras, e até mesmo trocas culturais onde diferentes partes da sociedade possam se encontrar e celebrar a diversidade!" pedia Vanessa, sua paixão motivante irrompendo em cada palavra.

Laura, admirada com as sugestões, estimou: "Se formos distribuir diferentes papéis entre os participantes desses encontros — desde chefes de cozinha preparem pratos típicos até artistas que representem suas comunidades — faremos nascimentos de pontes culturais valiosas." Cada ideia carregava um potencial transformador, onde o conhecimento se tornava o ingrediente básico para a união.

Carlos voltou a insistir sobre as dificuldades: "É claro que nem tudo será fácil. Quando diferentes grupos tentarem se unir, algumas divergências irão surgir. Precisamos estar prontos para essas situações, pois é nelas que a empatia realmente deve entrar emCena."

Com isso, Laura enfatizou: "Essa união exigirá que olhemos para nós mesmos de maneira crítica e aberta. Seremos chamados a não apenas aceitar as diferenças entre nós, mas também a trabalhar através delas." Assim, a conversa abordou como poderiam se preparar para esses desafios, enfatizando a importância da escuta ativa e da abordagem respeitosa.

"Que tal longo do processo, realizarmos simulações das situações que podem surgir?" sugeriu Marcos. "Quando trabalhamos em grupo, podemos criar cenários de convívio e ver como lidamos com diferentes necessidades e expectativas."

O grupo começou a discutir possíveis simulações, enchendo a sala com risadas e observações. Vanessa lembrou que é preciso colocar-se na pele do outro: "Esses exercícios de empatia nos ensinarão que cada um carrega uma história distinta. Ao fazer isso, vamos não apenas conceder um olhar aberto, mas também o valor que as experiências do outro nos oferecem."

Incorporar instrumentos que facilitem a construção de pontes, criando com isso uma rede de diálogos frutíferos, foi tema constante da discussão. Abordaram ideias de como fazer essas pontes não apenas com palavras, mas empregando a arte, a culinária e a música. "Cada um poderá contribuir com uma parte maravilhosamente única," pontuou Laura, com os olhos brilhando.

Quando os minutos se passaram nessa unificação de vozes, um compromisso firme se solidificou entre todos, dualidade essencial que acabava de florescer. Entre risos e decidida otimismo, eles perceberam que, mesmo a partir dos desafios surgindo, podiam encontrar soluções criativas e um aprendizado sem igual.

“Às vezes os desafios são os maiores professores,” refletiu Vanessa, esboçando um sorriso. “Vamos, juntos, transformar nossas diferenças em uma grande riqueza. E ao fazê-lo, construiremos não só um espaço de inclusão, mas um lar para o diálogo verdadeiro.”

Com a interseção de visões e propostas que emergiram ali, a ideia de construir uma rede colaborativa entre comunidades se tornava palpável, tornando-se uma nova porta egando outra possibilidade de unificação. Eles já entendiam que a empatia não se restringia aos encontros; ela era o combustível que alimentaria as relações fora daquele espaço, onde poderiam se tornar modelos de mudança contínua e resiliente.

Assim, o vírus da transformação se espalhou, garantindo que a visão de um futuro além das bolhas sociais não apenas se concretizasse, mas se tornasse um mantra de inspiradoras ações progressistas. Laura e seus amigos estavam prestes a se tornar agentes da mudança, prontos para tecer junto um futuro onde todas as vozes podiam ser ouvidas e valorizadas. Um futuro em que as pontes sociais se erguiam com a força da unidade, esperança e diversidade.

A chama da esperança ardia no peito de Laura e seus amigos enquanto discutiam os planos para um futuro sem as limitações das bolhas sociais que tantas vezes os aprisionaram. “Imaginemos um cenário em que a diversidade não seja apenas tolerada, mas celebrada. Onde cada voz possa ressoar com a força que tem, contribuindo para um tecido social vibrante," começou

Laura. A paixão em suas palavras ecoou nas mentes de seus companheiros.

"Acredito profundamente que o primeiro passo é promover espaços onde o diálogo possa fluir livremente," sugeriu Marcos, visivelmente empolgado. "Devemos criar situações em que a escuta não apenas aconteça, mas se torne um pilar essencial na construção de relações sinceras. Pensem em um festival cultural que traga diferentes comunidades para um mesmo palco."

Carlos, sempre com a mente ágil, imediatamente visualizou: "Isso poderia ser um evento anual. Um dia dedicado a celebrar a diversidade, repleto de histórias, comidas típicas, danças e artesanato. Um espaço para aprender e reconhecer as tradições uns dos outros. Poderíamos fazer isso funcionar com a ajuda de parceiros locais."

"A ideia é magnífica!" exclamou Vanessa. "Pensem em quantas histórias podemos compartilhar e quantas conexões podemos fortalecer. E o teatro poderia ser um elemento essencial. Apresentações que refletem as experiências da comunidade poderiam abrir um diálogo significativo sobre as diferenças e semelhanças que existem entre nós."

Laura, sentindo o entusiasmo crescer, destacou: "Quando permitimos que as vozes se levantem, cultivamos um crescimento coletivo. As histórias não são apenas relatos; são instrumentos de conexão. Um espaço quando todos sentem que pertencem e são valorizados são os verdadeiros laboratórios de mudança."

Enquanto compartilhavam ideias, a força da ação coletiva ressoava na sala. Cada um começou a elaborar planos específicos para trazer a ideia do festival à realidade. As conversas se tornavam cada vez mais vibrantes, revelando um desejo profundo por transformação e acolhimento.

"Mas devemos também nos preparar para os desafios que podem surgir," lembrou Carlos, sua expressão séria. "Sabemos que algumas pessoas podem ver essas iniciativas como ameaças às suas tradições. Precisaremos da diplomacia e da empatia para mostrar o valor dessa experiência."

Assim, o grupo começou a moldar suas estratégias, decidindo que seriam promotores da escuta e do respeito em cada interação. "Para garantir que todos se sintam incluídos, poderíamos organizar grupos de discussão que antecedam o festival, onde as pessoas possam compartilhar suas preocupações e ideias," sugeriu Laura. "Dessa forma, o festival se tornará uma celebração genuína."

A determinação de Laura e seus amigos ficou palpável. O futuro sem bolhas sociais, onde cada atividade se tornaria uma ponte para a união, estava se concretizando naquela sala iluminada por sonhos e visões. "Essa é nossa chance de criar uma mudança real e significativa," ela finalizou, certa de que cada pequeno gesto somaria em grande escala.

Com o compromisso firmado, todos estavam prontos para agir. Uma nova era começava, onde a esperança floresceria em cada conversa e onde as barreiras sociais seriam, finalmente, desafiadas e superadas. Era o momento de cada um se levantar, como defensores da mudança, prontos para acolher cada voz e cada história que surgisse no caminho. Assim se iniciava uma jornada no tempo, que visava espalhar não apenas mensagens de inclusão, mas sensações de pertencimento profundo e verdadeiro.

Laura sabia que a estrada seria longa, mas a fé na transformação as sustentava. Juntos, eles se preparavam não apenas para criar um evento, mas para cimentar um legado onde as bolhas sociais já não teriam espaço. A esperança de um futuro novo alçava voo, e todos estavam prontos para dar os passos iniciais.

A jornada proposta nas páginas deste livro é um convite a olhar para dentro e para fora. As bolhas sociais não são apenas fenômenos a serem estudados, mas realidades que vivemos diariamente, muitas vezes sem perceber. Através das histórias de Laura, Marcos e de tantos outros personagens, é possível enxergar nossas próprias experiências refletidas e sentir a dor e a alegria que a conexão humana pode proporcionar.

Neste mundo acelerado e, por vezes, indiferente, o cultivo da empatia, da escuta ativa e da abertura para diferentes narrativas é fundamental. Cada um de nós possui uma história única, e ao compartilhá-las, temos o poder de iluminar o caminho de quem nos rodeia, desafiando preconceitos e construindo uma rede de compreensão mútua.

Lembre-se de que a mudança começa com pequenos atos. Seja um agente de transformação em sua comunidade, uma voz que quebra o silêncio da indiferença. Abrace o desconforto da diversidade e permita-se crescer ao encontrar o outro. Cada diálogo, cada gesto de carinho e cada momento de vulnerabilidade são passos em direção a um futuro mais inclusivo e cheio de esperanças.

Espero que esta obra toque seu coração e o inspire a desafiar suas próprias bolhas psíquicas. Que você seja incentivado a criar conexões mais profundas e a construir um mundo onde a empatia e o respeito sejam os pilares das nossas interações.

Arthur E. Tavola e Giovanna Di Paola

www.ingramcontent.com/pod-product-compliance
Ingram Content Group UK Ltd.
Pitfield, Milton Keynes, MK11 3LW, UK
UKHW021955190726
13853UKWH00004B/1558